Web 开发技术与项目实战

万福成　主编

科学出版社

北京

内 容 简 介

本书以西北民族大学民族信息技术国家级实验教学中心示范课程案例为基础，以 Java 语言为编写对象，主要围绕两类轻量级开发架构展开 Web 系统开发的整体环节，对前端技术、服务端技术及框架整合等内容进行介绍，辅助读者进行分析与设计。

本书分为五章：第一章为 Web 基本知识，第二章为 Web 前端技术，第三章为 Web 服务技术基础，第四章为 Web 服务实现技术，第五章为 Web 项目实战——基于 Web 的通用在线题库管理系统。

本书适合计算机类的专科生及本科生参考阅读，可作为计算机类专业学位硕士的入门实践教程。

图书在版编目（CIP）数据

Web 开发技术与项目实战/万福成主编. —北京：科学出版社，2022.9
ISBN 978-7-03-072941-5

Ⅰ. ①W… Ⅱ. ①万… Ⅲ. ①JAVA 语言-程序设计 Ⅳ. ①TP312.8

中国版本图书馆 CIP 数据核字（2022）第 152199 号

责任编辑：袁星星 蔡家伦 / 责任校对：马英菊
责任印制：吕春珉 / 封面设计：东方人华平面设计部

科 学 出 版 社 出版
北京东黄城根北街 16 号
邮政编码：100717
http://www.sciencep.com

三河市骏杰印刷有限公司印刷
科学出版社发行 各地新华书店经销
*

2022 年 9 月第 一 版 开本：787×1092 1/16
2022 年 9 月第一次印刷 印张：7 3/4
字数：183 000

定价：22.00 元
（如有印装质量问题，我社负责调换〈骏杰〉）
销售部电话 010-62136230 编辑部电话 010-62138978-2010

前　　言

本书聚焦 Web 开发技术，以前端设计、服务端设计及数据库设计为线索，结合民族高校本科生的教学任务、研究生的科学研究实践进行选题，展开不同领域的案例分析及项目实践。

本书的特色主要体现在两个方面。一方面，总结了两类轻量级 Web 开发架构：一类是持续了 10 年左右的 Java 语言轻量级开发框架 SSH（Struts、Spring、Hibernate），另一类是近几年流行的 Java 语言轻量级开发框架 SSM（Struts、Spring、Mybatis）；另一方面，以案例分析的形式详细介绍了在线题库管理系统从需求分析到详细设计的整个过程。

本书主要分为五章。

第一章为 Web 基本知识，以 B/S（browser/server，浏览器/服务器）体系结构、Web 常用技术、分层架构及 MVC（model view controller，模型-视图-控制器）模式讲述 Web 开发中的基础理论，并以 Java 开发语言为例，讲解具体的环境安装与配置。

第二章为 Web 前端技术，讲解 HTML 5、CSS、JavaScript 以及 Ajax 技术，介绍与用户体验相关的设计内容。

第三章为 Web 服务技术基础，讲解 Web 服务协议栈、HTTP、XML、SOAP、UDDI 以及其他的 Web 服务应用技术。

第四章为 Web 服务实现技术，是本书的重点内容，详细讲解 Web 开发技术，尤其是轻量级框架开发技术 SSM 在实际开发中的应用，包括 JSP、Servlet、Struts、Spring、Hibernate 以及框架整合技术。

第五章为 Web 项目实战——基于 Web 的通用在线题库管理系统，以在线题库管理系统为例，按照软件工程的设计流程展示系统的整体开发过程。

读者可以根据前两章内容进行基础知识的学习，从第三章开始按照本书提供的技术过程示意图，并按照第五章的整体设计流程，完整地开发出 Web 系统。

本书附带软件设计过程的文档，包括需求分析说明书、概要设计说明书、数据库设计说明书及详细设计说明书，有兴趣的读者可以通过作者邮箱（wanfucheng@126.com）获取。

由于编者水平有限，书中难免存在不足之处，欢迎广大读者批评指正。

目　　录

第一节　Web 简介

一、Web 的概念

Web 是 world wide web 的简称，也就是我们常说的万维网 WWW。Web 起源于欧洲量子物理实验室蒂姆·伯纳斯·李（Tim Berners Lee）构建的 ENQUIRE 项目。Web 使用 HTML（hyper text markup language，超文本标记语言）表示信息资源，以及建立资源与资源之间的链接；使用 URL（uniform resource locator，统一资源定位器）定位 Web 服务器中信息资源的位置；客户端与 Web 服务器之间的通信使用 HTTP（hyper text transfer protocol，超文本传输协议）定义。

二、Web 技术的发展

Web 技术的发展可以这样简要描述：过去是由网站主导的 Web 1.0 阶段——现在是由用户主导的 Web 2.0 阶段——未来向更加个性智能化的 Web 3.0 时代发展。

Web 1.0 阶段，Web 网页是静态的，一次性展现所有内容，通过网络编程技术[ASP（active server pages，动态服务器页面）、JSP（Java server pages，Java 服务页面）、PHP（personal home page，个人主页；现已正式更名为 "PHP:Hypertext Preprocessor"，PHP 超文本预处理器）等]在传统静态页面中加入各种程序和逻辑控制，实现客户端和服务器端的动态和个性化交流互动。后来，Web 技术逐步过渡到以 Blog.Wiki 和 SNS（social network services，社交网络服务）等社交软件应用为核心的 Web 2.0 阶段。Web 3.0 阶段是一个个性智能化的时代，用户通过任何终端都能看到自己所关心的内容，具体包括无处不在的互联网络、云计算、开放软件平台和数据、语义网技术、智能网络和智能应用程序等。Web 3.0 将带给使用者全新的用户体验。

三、URI 和 URL

（一）URI

URI（uniform resource identifier，统一资源标识符）是以特定语法标识某一网络资源的字符串。该种标识允许用户对任何资源通过特定的协议进行交互操作。URI 由模式

和模式特有的部分组成,它们之间用冒号隔开,一般格式如下:

```
scheme:scheme-specific-part
```

URI 以 scheme 和冒号开头。scheme 用大写/小写字母开头,其后面为空或者跟着更多的大写/小写字母、数字、加号、减号和点号。冒号把 scheme 与 scheme-specific-part 分开,并且 scheme-specific-part 的语法和语义由 URI 的名字空间决定。

URI 的常见模式包括 file(本地磁盘文件)、ftp[使用 FTP(file transfer protocol,文件传输协议)服务器]、http(使用 HTTP 的 Web 服务器)、mailto(电子邮件地址)等。例如:

```
http://www.hainu.edu.cn
```

其中,"http"是 scheme,"//www.hainu.edu.cn"是 scheme-specific-part,scheme 与 scheme-specific-part 被冒号分开。

(二)URL

URL 指向 Internet 上位于某个位置的某个资源。资源包括 HTML 文件、图像文件和 Servlet 等。可以通过在浏览器的地址栏中输入 URL 来访问 Internet 资源。URL 的格式如下:

```
scheme://host: port/path
```

其格式说明如下:

1)scheme:Internet 资源类型,指明是什么样的 Internet 服务。例如,"http://"表示 WWW 服务,"ftp://"表示 FTP 服务。

2)host:服务器地址,指出 Internet 服务所在的服务器域名或者 IP 地址。

3)port:服务端口,对 Internet 服务资源的访问需给出相应的服务器端口号,默认端口号可以省略。

4)path:路径,指明资源在服务器上的相对路径和名称,其格式通常为"目录/子目录/文件名"。与服务端口一样,路径并非必需的。

例如:

```
http://www.hainu.edu.cn/stm/vnew/shtml_liebiao.asp@bbsid=95.shtml
```

上面的示例是一个典型的 URL 地址,客户程序通过"http"识别处理 HTML 链接,"www.hainu.edu.cn"是 host 域名地址,path 资源路径是"/stm/vnew/shtml_liebiao.asp@bbsid=95.shtml"。

四、HTTP

从本质上来说,Web 为开放式的客户机/服务器(client/server)体系结构,分成服务器、客户机及通信协议三个部分。Web 服务器通过 Web 浏览器与用户交互操作,相互间采用 HTTP 通信。

Web 浏览器与服务器之间遵循 HTTP 进行通信传输。HTTP 基于请求—响应(request-response),并且过程是无状态的形式,如图 1-1 所示。

HTTP 是应用层协议,定义了 Web 浏览器向 Web 服务器发送页面请求的格式,以及 Web 页面在 Internet 上的传输方式,通常是基于 TCP(transmission control protocol,

传输控制协议）连接。用户首先通过浏览器程序建立到 Web 服务器的连接，并向服务器发送 HTTP 请求消息；Web 服务器接收到客户的请求后，对请求进行处理，然后向客户发送 HTTP 响应；客户接收服务器发送的响应消息，对消息进行处理并关闭连接。

图 1-1　HTTP 请求—响应过程

第二节　B/S 体系结构

分层架构模式是软件开发过程中很常见的架构模式之一。分层架构从低级别的抽象开始，逐步向上继续抽象，最后完成最高级别的抽象。分层架构的核心内容是解决系统解决方案的具体构建或者是组件分散到不同的层次中。每一个层次的抽象级别大致相同，且要保持高度的内聚性。同时，各个层次之间要保持松散耦合。分层架构模式的关键在于确定系统依赖，通过分层可以确定各个系统之间的依赖关系，使各个系统以松散方式进行耦合，从而有利于系统维护。

分层架构具有显著的特点，系统最高级别的目标功能位于最顶层，具体涉及跨领域的业务功能在中间层，系统配置以及系统环境位于底层。上一层调用下一层的数据，下一层为上一层提供服务。

分层架构要遵循以下原则：

1）可见度原则。每个系统的依赖关系分为两类，一类是同一级别的依赖关系，另一类是与子系统的依赖关系。

2）易变性原则。易变性原则是与用户对应的，从设计结构来看，越往上越靠近用户，也就越容易发生变化，越往下越靠近计算机底层的硬件环境，越不容易发生变化。

3）通用性原则。抽象模型元素一般放在分层架构的底层。如果这些不涉及或者不专注于具体的实现，则可以将其放在中间层次。

4）层数。对一般的系统来说，三层是比较普遍的；对特别复杂的系统来说，需要加入更多的层次，随着层数的增加，复杂性也会增加。

使用分层架构的优点如下：

1）每一层的设计只关注本层次。在进行系统开发时，业务功能的层次只需负责具体需求的实现，数据库持久层只关注与数据库的连接与管理，分层次使开发更专注。

2）开发更加方便。利用分层架构，业务逻辑层、数据服务层的代码统一放在各自的开发包中，错误不会蔓延，开发也更方便。

3）降低耦合。分层可以降低系统之间的依赖。例如，Web 表示层只需要关注如何对外提供服务，至于中间的业务逻辑层是怎样流转的、数据库持久层怎样进行数据提供等都不需要关心，充分降低了系统之间的耦合。

4）代码复用。对于功能类似的模块，代码在不同模块之间可以相互借鉴。

5）可以使代码编写更加整洁，有利于标准化工作。

分层架构也存在有一些弊端和缺点：

1）数据级联。对于局部变量的数据修改，不会发生数据级联的问题；对于全局变量的数据修改，所有与全局变量相关的层次都需要修改，这就是数据级联的问题。因此，对于全局变量的设定要符合要求。

2）分层架构的层次要适度。对于系统设计来说，三层是最经典的架构，不仅使代码层次更清晰，而且对于复杂系统来说，三层仍然可以满足需求。两层模式会将业务逻辑服务和数据服务融合，但仍然会有错误蔓延问题，超过三层的架构，尽管分层更细致，但是会给系统开发和系统维护带来困难。

B/S（browser/server，浏览器/服务器）模式，就是分层模式最集中的体现，目前常用的也可以将 S 具体划分为 A 和 S 层，即 B/A/S 三层模式，A 指的是应用服务层，S 是数据服务层，AS 结合为服务层。

一、Web 应用

Web 应用的典型模式为 B/S 模式，用户在计算机上使用浏览器向 Web 服务器发出请求，服务器响应客户请求，向客户送回所请求的网页，在浏览器窗口中显示网页的内容。

（一）Web 服务器

向浏览器提供服务的程序称为 Web 服务器，提供网上信息阅览服务是其主要功能。Web 服务器应用层使用 HTTP，信息内容采用 HTML 文档格式，信息定位使用 URL。常见的 Java Web 服务器有 Tomcat、WebLogic、JBoss、WebSphere 等。本书使用的 Web 服务器是 Apache 服务器，它是 Apache 软件基金会（Apache Software Foundation）提供的开放源代码软件，是一个非常优秀的专业的 Web 服务器。

（二）Web 浏览器

Web 服务器的客户端程序是浏览器，它可以向 Web 服务器发送各种请求，并解释、显示和播放从服务器发送的网页和多媒体数据。

浏览器的主要功能是解析网页文件内容并正确显示，网页一般为 HTML 格式。常见的浏览器有 Firefox、Opera 和 Chrome。浏览器是最常使用的客户端程序。

（三）通信机制

在 B/S 体系架构中，客户端和服务器之间进行通信时采用的是 HTTP。HTTP 是浏览器和 Web 服务器通信的基础，是一个应用层协议。

二、Web 工作原理

在 B/S 结构中，Web 服务器接收到 Web 浏览器发送的请求后，将请求的数据发送到 Web 浏览器，浏览器对接收到的数据进行解释并在屏幕上显示出来，其工作原理如图 1-2 所示。

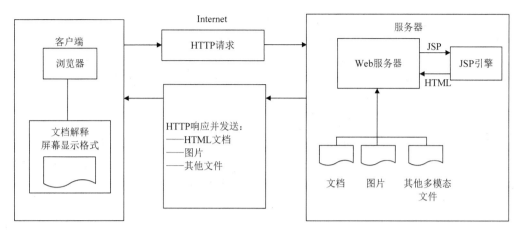

图 1-2　Web 工作原理

图 1-2 所示的 Web 工作原理实际上也是一个 Web 的请求—响应过程，该过程遵循以下步骤：

1）在计算机上配置好网络。

2）运行任意一个浏览器，如 Firefox（火狐）浏览器等。

3）向 Internet 上的 Web 服务器请求一个页面，发送一个包含以下内容的消息：①超文本传输协议（HTTP）；②URL 地址，如 http://www.xbmu.edu.cn（西北民族大学官网首页）。

4）服务器收到请求后，查找客户机请求的 HTML 页面文件或其他文件。若客户机请求的是 JSP 页面，则 Web 服务器将调用 JSP 引擎解释执行 JSP 页面程序，在需要时生成并返回标准的 HTML 页面。

5）服务器将请求的页面文件传到客户机上。

6）浏览器接收到服务器传来的页面文件后，对其进行解释并在屏幕上显示出来。

第三节　静态页面技术

一、HTML

在万维网上，HTML 是一种应用极其广泛的信息表示语言。HTML 文件是使用 HTML 语言编写的文件，其扩展名为 ".html" 或者 ".htm"。HTML 语言包括一系列的元素和标签，可以将文本、表格、图片、声音及动画等组合在一起，进行各种资源的排列及显示。

HTML 语言简单易学、容易掌握。HTML 文件独立于操作系统，只需要使用客户端的浏览器即可运行。

HTML 文件由头部（head）和主体（body）两部分构成。其中，头部用来描述 HTML 文件的属性信息，如页面的类别、字符编码、刷新间隔、缓存控制、Cookie 设置等，页面中不会显示头部的内容；主体部分是正文，也是最主要的部分，是浏览器要显示的内容。

二、CSS

CSS（cascading style sheets，级联式菜单或层叠样式表）是一种用来表现 HTML 或 XML（extensible markup language，可扩展标记语言）等文件样式的技术。

使用 CSS 可以实现页面内容和样式的分离，如用 HTML 语言定义页面的内容，用 CSS 定义页面的样式或风格。

CSS 高效、灵活，维护简单方便，也容易使整个网站的页面风格统一。

CSS 布局可以在一个独立的样式表文件中完成，从而实现网页的表现和内容相分离。采用 CSS 布局的页面容量比使用表格布局的页面小，页面的浏览速度更快；另外，采用 CSS 布局的页面修改和维护起来更方便。

三、JavaScript

JavaScript 是一种基于事件驱动（event driver）和对象（object）的脚本语言，广泛用于客户端 Web 开发。

通过在 HTML 中嵌入或调入 JavaScript 脚本，可实现在 HTML 页面中链接多个对象、与客户进行交互及客户端动态效果的应用等。

第四节 动态页面技术

常用的动态网页技术有 CGI（common gataway interface，通用网关接口）、ASP、PHP 和 JSP 等。

CGI 是用于 Web 服务器和外部应用之间信息交换的标准接口，其由两个部分组成：一是 HTML 页面，即客户端浏览器上显示的页面；二是在服务器上运行的 CGI 程序。当多个 CGI 程序同时运行时，服务器将启动多个进程，导致负载过重，从而影响服务器的性能。

ASP 是微软公司开发的一种动态网页技术，采用 JavaScript 和 VBScript 脚本语言编程，在 HTML 代码中嵌入相关的脚本代码，就可以实现相关功能。

PHP 是一种创建动态交互性站点的强有力的服务器端脚本语言，混合了 C、Java、Perl 语法，并加入了自己的特性。由于 PHP 是免费的，因此其使用广泛。PHP 可搭配 Apache 作为 Web 服务器一起使用，支持 ISAPI（Internet server application programming interface，Internet 服务器应用程序接口），并且可以运行于 Windows 的 IIS（Internet information services，互联网信息服务）平台。

JSP 是在 HTML 页面中嵌入 JSP 元素的页面，这些元素称为 JSP 标签。JSP 元素具有严格定义的语法并包含完成各种任务的语法元素，如声明变量和方法、JSP 表达式、指令和动作等。JSP 的特点是一次编写，处处运行。字节码文件可以在具有 JVM（Java virtual machine，Java 虚拟机）的任何平台上运行，有着强大的开发工具支持及良好的可伸缩性。在运行时，JSP 先转译成 Servlet，然后编译成 class 文件，内存读取 class 文件并执行，如果出现错误，浏览器中显示的错误是 Servlet 的错误信息。

Servlet 是一种服务器端程序，它是用 Java 语言编写的。Servlet 可以在支持 Java 的应用服务器中运行，如果某个 Java 程序是使用 Servlet API（application program interface，应用程序界面）及相关的类编写的，那么该 Java 程序可以响应任何类型的请求。

交互式地浏览和修改数据，生成动态 Web 内容，是 Servlet 的主要功能。在大多数情况下，Servlet 仅用于基于 HTTP 的 Web 服务器的功能扩展。

第五节　ORM 技术

ORM（object relational mapping，对象关系映射）是一种为了解决面向对象技术与关系数据库不匹配的问题的技术。ORM 技术通过描述对象及数据库之间映射的元数据，将 Java 对象自动持久化到关系数据库之中。ORM 的作用是在关系数据库和对象之间做一个映射，本质上，ORM 技术将数据从一种形式转换到另外一种形式，通过这种形式的转换使业务逻辑的开发更加方便。例如，程序开发人员只用专注于面向对象编程，包括数据服务层和业务逻辑层的具体代码，而不用关注数据库及数据库表的构建，通过 ORM 技术可以自动地将实体类与数据库表建立一一对应关系。ORM 技术是随着面向对象的软件开发方法发展而产生的。面向对象的软件开发方法是目前主流的软件开发方法，关系型数据库是目前主流的数据存储系统。对象和关系数据是业务实体的两种表现形式，业务实体在内存中表现为对象，在数据库中表现为关系数据。在内存中的实体对象之间可以存在关联及继承关系，但是在数据库中，关系数据无法直接表示多对多的关联及继承关系。因此，ORM 一般以中间件的形式存在，以实现业务对象到关系数据库的映射。

面向对象的开发方法是当今企业级应用开发环境中的主流开发方法，关系数据库是企业级应用环境中永久存放数据的主流数据存储系统，这两套理论存在着明显的区别。为了解决这两种技术之间不匹配的问题，对象关系映射技术应运而生，其中 O 代表"对象"（object），R 代表"关系"（relational）。在绝大多数应用型系统中，尤其是支持事务性操作的系统，都存在着对象和关系数据库，ORM 映射机制就是建立对象和关系数据库的映射，即"关系"。

在开发软件系统的过程中，如果不使用 ORM 机制，就需要编写很多数据访问层代码，通过数据库进行操作，如增、删、改、查等。每进行一次访问数据库操作，都需要编写数据库代码，而这些代码很多是重复的，得不到重用。引入 ORM 机制后，可以通过它来保存、删除、读取对象，由 ORM 负责生成相应的 SQL（structure query language，结构查询语言）语句，用户只需要关心具体业务逻辑中的对象即可。ORM 技术一般包括四部分：一个对持久类对象进行 CRUD（create retrieve updata delete，增加、更新、检索、删除）操作的 API；一个用来规定与类和类属性相关的查询 API；一个规定用来映射元素数据（mapping metadata）的工具；一种实现同事务对象一起进行 dirty checking、lazy association fetching 及其他的优化操作的技术。

第六节　MVC 模式

MVC 的概念最早出现于 1974 年，是施乐帕罗奥多研究中心为 Smalltalk 程序语言设计的一种将业务逻辑和用户接口逻辑相分离的软件设计模式，其目的是使系统开发和维护更加方便，而且容易扩展，可以使代码得到重用，从而实现一种动态的、方便的程序设计。

1）模型：用来封装具体的业务逻辑数据及业务处理方法，可以直接访问数据库，对数据库进行操作。模型和视图及控制器是相分离的，即模型不必关心具体的前端显示及具体的数据流向，只负责自己本身的业务逻辑的构建、具体功能的实现等。在模型中可以划分层次，如数据服务层和业务逻辑服务层，数据服务层是对数据进行访问的层次，业务逻辑服务层是实现系统功能的层次。

2）视图：在人机交互页面用来显示数据的层次。每一个应用系统都会有相应的门户网站，或大或小，在网站中展现在用户面前的界面就是视图层。视图层通过相应的表单或者是按钮的操作调用模型的业务逻辑对象，并对数据库进行访问。视图层可以实现有目的的访问，在视图层中一般不会有业务逻辑代码，这是为了将业务逻辑与前台展现更好地分离开来，利于维护，保持代码整洁。

3）控制器：在不同层次之间进行组织，用于控制具体的业务流程跳转，对事件进行处理并做出响应。"事件"具体包括用户的操作及模型上的数据改变等。控制器定义用户界面对用户输入的响应方式，负责把用户的动作转换成针对模型的操作。

在传统的基于 JSP 技术进行动态网页开发，数据库增删改查、表示层的展现、业务逻辑的实现都在同一个界面中，不仅会加重系统负担，同时会将错误蔓延到不同层次，程序员在改程序错误中会耗费大量时间。良好的开发方法是将表示层代码和业务逻辑的代码分离开来，在通常意义上来说这是不容易做到的，需要精心地设计并不断地进行尝试。

MVC 设计模式从根本上将表示层和业务逻辑层分开，使表示层专注于系统 Web 展现，业务逻辑层专注于系统功能的实现。尽管 MVC 模式会加重一些系统开销，但这些开销对于提升系统开发速度、减少系统维护工作量都是可以接受的。主要体现在以下几方面：

首先，业务逻辑服务层的模型可以被表示层的视图共用。模型负责对用户请求进行处理，然后将处理的结果发送给表示层，视图层负责对数据进行格式化操作，并把数据呈现给用户，将业务逻辑和表示层分离开来，使同一个模型可以被不同的视图共同使用，不同页面的展现［包括不同终端（如电脑端、手机端等）、不同浏览器（如火狐浏览器、谷歌浏览器等）］则交给视图层统一进行处理，这样就可以大大提高系统代码的可重用性。

其次，控制器是与模型和视图相对立的一个层次，其可以方便地对应用程序的数据层及业务规则进行更改。例如，把数据库从 MySQL 移植到 DB2，或者把关系型数据源改变成联机事务分析数据源时，不需要关注具体的内部细节，只需对控制器进行更改即可。对控制器进行正确的配置，无论是哪种数据源、做了哪些操作，都可以将数据正确地显示出来，完成业务功能和相应的业务流转。对视图层的改变和对模型的改变不会影响控制层，正是由于 MVC 这三个模块之间相互独立，才使系统更清晰，更完善。

此外，控制器也可以提高系统的灵活性及可配置性。不同类型的模型及视图都可以通过控制器进行工作，完成用户的需求。控制器同时也是构造应用程序的非常方便的工具。控制器用于用户与系统的交互操作，其职责是接收用户的请求，按照业务逻辑实现的流程运行，返回给用户结果。通过模型、视图和控制器三层架构支撑起系统的结构，系统要实现的具体功能模块都可以通过三层架构的分层模式实现，而且每一层的基础代码模块都可以重复使用，仅需要对变量、参数进行微调，这样就很方便地实现了代码重用。

第七节　Java 开发环境的安装与配置

一、安装包名称及下载地址

（一）JDK 7.0

下载地址：http://www.oracle.com/java/technologies/downloads。

（二）Tomcat 7.0

下载地址：http://tomcat.apache.org。

（三）MyEclipse 10.0

下载地址：http://www.genuitec.com/products/myeclipse。

（四）MySQL 5.5

下载地址：http://www.mysql.com/downloads。

（五）MySQL connector

下载地址：http://www.mysql.com/downloads。

（六）MySQL GUI

MySQL GUI 工具有很多，包括 Navicat for MySQL 和 MySQL-Front 等，用户可自行选择。

二、JDK 7.0 的安装及配置

安装及配置 JDK 7.0 的操作步骤如下：

1）从官网下载 JDK 7.0 安装程序 jdk-7u51-windows-i586.exe（注意，根据操作系统选择 32 位或者 64 位版本），运行 JDK 的安装文件，完成 JDK 及 JRE 的安装。

2）安装完成后，需要设置计算机的环境变量。

① 右击"计算机"，在弹出的快捷菜单中选择"属性"命令，在打开的窗口中单击"高级系统设置"超链接，弹出"系统属性"对话框，选择"高级"选项卡，单击"环境变量"按钮。

② 弹出"环境变量"对话框，在"系统变量"中单击"新建"按钮，弹出"新建系统变量"对话框，在"变量名"文本框中输入"JAVA_HOME"，"变量值"为 JDK 的安装路径，本机安装路径为"C:\Program Files\Java\jdkl.7.0_51"。

③ 同样的操作，在"变量名"文本框中输入"CLASSPATH"，"变量值"为".;%JAVA_HOME%\lib;%JAVA_HOME%\lib\tools.jar"。注意，不要丢掉前面的点和中间的分号。

④ 在"系统变量"里编辑 Path 变量，在原有值前面加上"%JAVA_HOME%/bin；%JAVA_HOME%\jre\bin;"。注意后面的分号，Path 中的不同值以分号分隔。

3）验证安装与配置。在运行框中输入 cmd 命令，按 Enter 键后出现命令行窗口。输入"java-version"，按 Enter 键，出现版本信息；输入"javac"，按 Enter 键，出现命令用法提示，至此，就表示 JDK 7.0 安装和配置成功。

三、Tomcat 7.0、MyEclipse 10.0、MySQL 5.5 的安装及配置

安装及配置 Tomcat 7.0、MyEclipse 10.0、MySQL 5.5 的操作步骤如下：

1）从官网下载安装程序，注意版本号。本机安装程序如下：

Tomcat 7.0：apache-tomcat-7.0.exe。

MySQL 5.5：mysql5.5.27_win32_zol.msi。

MySQL GUI：mysql-gui-tools-5.0-rl7-win32.msi。

MyEclipse 10.0：myeclipse-10.0-offline-installer-windows.exe。

MySQL Connector：mysql-connector-java-commercial-5.1.35-bin.jar（MySQL 驱动包，无须安装）。

2）根据提示完成以上软件的安装，一般采用默认安装。注意，MySQL 5.5 在安装过程中需要选择字符编码 utf-8，以避免出现中文字符乱码问题。

3）在 MyEclipse 中配置 JDK。依次选择 Windows→preferences→java→Install JREs，添加设置 JDK 版本 1.7。继续添加 Install JREs 为 jdkl.7.0_51，勾选该选项，然后单击 OK 按钮确定。

4）在 MyEclipse 中配置 Tomcat。依次选择 preferences→MyEclipse→Servers→Tomcat→Tomcat 7.x，选中 Enable 单选按钮，并设置 Tomcat home directory、Tomcat base director 和 Tomcat temp director 路径。Tomcat 安装路径为：C:\Program Files\Apache Software Foundation\Tomcat 7.0。

5）在 MyEclipse 中简单测试 MySQL。依次选择 Window→Open Perspectives→MyEclipse Database Explore 命令，在左侧 DB Browser 选项卡中空白处右击，在弹出的快捷菜单中选择 New 命令，配置 DataBase Connection Driver 参数。详细参数如图 1-3 所示。

图 1-3　配置 MySQL

单击 Test Driver 按钮，如无问题，将显示数据库连接建立成功的提示信息。

第一节 HTML 5 基础

一、HTML 简介

HTML 是一种格式语言，可以被浏览器直接解析。HTML 可以展示包括文字、视频、动画、图像、音频等多种信息，浏览器对 HTML 的内容进行解析并展示，呈现给用户。

HTML 5 是 HTML 发布的第五个版本，是 W3C（World Wide Web consortium，万维网联盟）推出的一个新标准的 HTML 语言。HTML 5 在 HTML 4 的基础上做出重大改进，对标签进行了规范化管理，增加了很多实用功能。目前，HTML 5 在移动端，特别是在手机上支持度良好，得到了广泛的推广和使用。

二、HTML 文档结构

（一）第一个简单的 HTML 程序

HTML 的本质是标记，即在文本的基础上进行标记，并引入其他的相关资源。一个最简单的 HTML 程序代码如下（此处代码为案例需要，非 HTML 5 标准，后文会详细介绍相关标准）：

```
<HTML>
<HEAD>
<TITLE>第一个 HTML 程序</TITLE>
</HEAD>
<BODY>
第一个 HTML 程序
</BODY>
</HTML>
```

将上述代码复制到文本文件中，并将文本文件的扩展名改为 html，双击该文件，即可通过浏览器进行访问。

一个简单的 HTML 文档基本上由以下四部分组成：

1）<HTML></HTML>：HTML 文档从这个位置开始或者在这个位置结束。

2）<HEAD></HEAD>：这是 HTML 的头部标签，一般包含 HTML 文档的字符集、脚本文件、CSS 代码、JavaScript 代码等不需要在浏览器中直接显示的内容。

3）<TITLE></TITLE>：这是在浏览器页面中的标题栏的内容。

4）<BODY></BODY>：这部分是网页的主体部分，页面中显示的所有效果都属于这部分。

（二）HTML 的基本特点

在学习 HTML 之前，首先需要了解 HTML 的基本特点。本节将 HTML 的基本特点总结如下，方便读者熟悉：

1）HTML 是少数几个不区分大小写的语言，如标签中的<HTML>、<html>、<hTmL>的解析是一样的。

2）HTML 的标记分为配对标记和单标记，其中大部分是成对出现的，称为配对标记；少部分单独出现，称为单标记。例如，换行标记
是单标记，<p>…</p>、<table>…</table>等是配对标记。

3）HTML 的标签如果是成对出现的，当后面的结束标记省略时，编译器不会提示错误，有些页面也会正常显示。但是，在 HTML 5 的标准下，一般建议不要省略标记，尽量书写完整，这样方便后面的 CSS 进行页面优化。

4）大部分标记带有若干属性，不同的属性值可以表示不同的意义。

（三）相对路径和绝对路径

1．相对路径

在 Web 应用程序开发中，将相对路径定义为不以"/"开头的路径。相对路径在应用中有如下特点：

1）<ahref="../1.html">表示访问上一级目录中的 1.html，该文件必须在上一级目录下，否则报 404 错误。

2）<ahref="./2.htmr">表示访问当前目录中的 2.html。

3）./表示以当前路径作为起点，../表示以上一级目录作为起点。如果要定位到其他目录，则需要添加目录名。

4）相对路径较易出错，在实际开发中建议使用绝对路径。

2．绝对路径

与相对路径不同，绝对路径是以"/"开头的路径。绝对路径的用法如下：

1）<ahref="/web/2.html">表示访问 Web 工程根目录中的 2.html。

2）链接地址、表单提交地址、重定向的绝对路径应该从"应用名（工程名）"开始写；而转发应该从"应用名（工程名）"之后开始，格式如"/工程名/目录路径/index.html"。

（四）MyEclipse 的 HTML 编辑

在本书中，通过 MyEclipse 集成式管理 Tomcat，具体步骤如下。

1. 配置 MyEclipse 中的 Tomcat

1）单击工具栏上的 Run/Stop/Restart MyEclipse Servers 图标旁边的下拉按钮，选择 Configure Server，如图 2-1 所示。

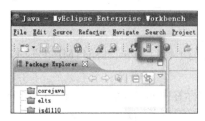

图 2-1　步骤 1

2）在弹出的 Preferences 对话框中展开 MyEclipse—Servers—Tomcat—Tomcat 5.X，如图 2-2 所示。

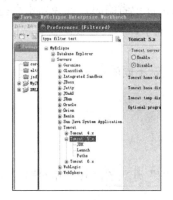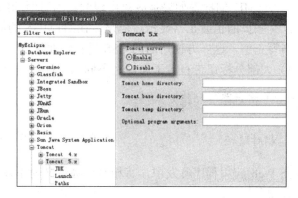

图 2-2　步骤 2

3）将 Tomat server 选项设置为 Enable（默认为 Disable）。

4）单击 Tomcat home directory 之后的 Browse 按钮，选择 Tomcat 主目录，自动生成 Tomcat base directory 和 Tomcat temp directory，如图 2-3 所示，单击 OK 按钮。

图 2-3　步骤 3

注意事项：两项可改可不改。

① Tomcat 下的 JDK 中 Tomcat JDK name 是已安装的 JDK。

② 建议将 Tomcat 下的 Launch—Tomcat launch mode 设置为 Run model，默认为 Debug mode，该模式在有些时候会显示不正常。

5）再单击工具栏上的 Run/Stop/Restart MyEclipse Servers 图标的下拉按钮，选择 Tomcat 5.x，单击 Start 按钮。

6）当在控制台显示 Server startup in XXX ms 时，则表示 Tomcat 启动成功。

2. 建立 Web 工程

1）建立一个 Web Project（Web 工程），填写 Project name（如 web），JDK 最好选 6.0，其他选项默认，单击 Finish 按钮。

2）在 WebRoot T 右击，新建一个 HTML 文档，修改文件名，如 1.html。

3. 部署项目到 Tomcat 服务器

1）单击工具栏上的 Deploy MyEclipse J2EE Project to Server 图标。

2）弹出 Project Deployments 对话框，单击 Add 按钮。

3）弹出 New Deployment 对话框，选择 Tomcat 5.x，单击 Finish 按钮，最后单击 OK 按钮。

Project Deployments 对话框有几个常用按钮，具体如下：

1）Add 按钮：在 Tomcat 服务器上增加新应用。

2）Remove 按钮：删除 Tomcat 服务器上的新应用。

3）Redeploy 按钮：重新部署该应用，一般每次修改后都需要重新部署。

4. 访问 Tomcat 服务器上的页面

在浏览器的地址栏中输入 http://Localhost:8080/web/l.html 并按 Enter 键，即可访问 Tomcat 服务器上的页面，其中 web 为工程名。

三、HTML 5 的基本语法

HTML5 向下兼容 HTML 4 及之前版本的所有语法，因此 HTML 中的所有标记都可以在 HTML 5 中直接应用。网页开发中，HTML 5 可以作为基础部分，页面的颜色和样式使用 CSS 渲染，页面中的简单互动使用 JS（JavaScript）渲染。由于本书主要介绍 Web 的基本技术，且篇幅有限，因此这里只做简单介绍，其他复杂的应用也是在这些简单应用的基础上进行组装的。

网页中的基本元素，如文本、图像、超链接、表格等，其本质上对应的是 HTML 的相应标记。在制作 HTML 文档时，只需在对应的 HTML 代码中插入相应的属性和内容即可。

（一）文本

在网页中添加文本的方式有以下几种。

1. 直接添加文本

最简单的文本添加方式是直接添加，如<div>添加文本</div>、<td>添加文本</td>、<li>添加文本</li>等。

2. 段落文本

使用<p>…</p>的段落标签可以很容易地在段落与段落之间添加文本，并且文本与文本之间有一行间距。

3. 标题文本

标题文本的作用是给文本添加一个标题，它是具有语义的标记。该标记一共有六层，分别是 h1、h2、h3、h4、h5、h6，数值越大，字体越小，如<h1>是最大的标题标记，<h6>是最小的标题标记。

标题标记中有很多属性，如 align="center"表示居中显示，但是在 HTML 5 的代码中，这种 align 属性一般不推荐使用，如果需要使用样式，一般采用 CSS 进行控制。

4. 换行标记

在 HTML 中，
是常见的换行标记。一般在编辑中，直接按 Enter 键是无法起到换行作用的，必须采用换行标记
进行换行操作。

5. 列表标记

列表标记（如<ul>、<li>等）在 HTML 5 的代码中使用较少，现在一般将这种列表标记与 CSS 进行配合使用，可以制作界面优良的下拉菜单。

6. 其他标记

在 HTML 中有时需要输入一些特殊的标记，如空格、版权信息（©）、大于符号等，在这种情况下，就需要对符号进行特殊处理。

（二）图像

图像是网页中的重要组成部分，在网页中放置合适的图像能够吸引更多用户获取更多的流量。另外，图像的表现更加直接，很容易让用户了解网站的主要内容。

在 HTML 中使用<img>标签对图像进行插入，并且可以设置图像的大小、对齐等属性。

（三）超链接

超链接是网站极为重要的标记之一，它的主要作用是方便浏览者从一个网页跳转到另一个网页，从而将多个无关联的页面联系在一起。在互联网上，超链接是通过 URL 定位的；而在同一个网站工程中，通常使用路径定位到另一个 HTML 文档。

1. 用文本做超链接

使用文本做超链的方式非常常见，一般在标签<a>…</a>之间插入文本即可。

2. 用图片做超链接

使用图片做超链接的方式比较简单，一般在超链接的代码中将文字的地址换成图像地址即可。

3. 其他超链接形式

除了以上常见的几种超链接形式外，音频、视频等也都可以做超链接，使用方式和上述方式类似。但是，一种名为热区链接的方式需要将图片中的指定区域进行标记，当用户单击该标记区域的相关内容后，即可触发超链接效果。

（四）表格

表格是网页中的常见元素，其不仅可以显示页面中的数据，还可以对页面中的元素进行布局和排版，达到美化页面的效果。另外，表格通常和表单配合使用，可以达到很好的页面布局。

1. 表格的基本属性

绘制一个表格通常需要<table>、<tr>、<td>三个标签。其中，<table>用于定义表格的位置和显示效果，<tr>用于定义表格的行，<td>用于定义表格中的元素位置。

2. 单元格的对齐属性

单元格<td>和<tr>中也有很多属性，其中用得较多的属性为 align（现在已被 CSS 替代），其主要作用是控制单元格的水平对齐属性，有 left、center、right 三个属性值，默认值是 left。例如，下列代码即为对齐属性的显示代码。其中，水平的效果不是很明显，原因是目前浏览器对 align 的属性支持度较低，因此在对单元格进行设置时建议采用 CSS。

```
<html>
<head><title>表格的对齐属性</title></head>
<body>
<table border="1px" cellpadding="10px"cellspacing="5px">
<tr align="center"><td>水平居中</td></tr>
<tr align="right"><td>水平居右</td></tr>
</table>
</body>
<html>
```

3. 单元格的合并属性

有些单元格可能会出现一些合并属性，显示的是部分单元格的合并效果。
单元格的合并分为水平合并和垂直合并，它们是<td>的特有属性。水平合并又称多列合并，对应的属性为 colspan；垂直合并又称多行合并，对应的属性为 rowspan。代码如下：

```
<html>
<head><title>表格的合并属性</title></head>
<body>
<table border="1px" cellpadding="10px"cellspacing="5px">
<tr>
<td rowspan="3">课程表</td>
<td colspan="2">星期一</td>
</tr>
<tr>
<td>上午</td>
<td>下午</td>
</tr>
<tr>
<td>语文</td>
<td>数学</td>
</tr>
</table>
</body>
</html>
```

（五）表单

表单是浏览器和服务器进行数据交换的重要标签之一，利用表单可以把用户填写的相关信息提交到服务器。用户从服务器获取数据一般有超链接和表单提交两种方式。表单是传输中最重要的一部分，用户可以通过 HTML 编写的表单向服务器请求制定的数据，当用户单击页面上的"提交"按钮时，表单信息就会发送到服务器中，由服务器的相关应用程序进行处理，并将处理的数据返回给用户。

1. 表单的基本属性

这里的表单主要由<form>标签完成，它是一个配对标记，并且是严格配对的。<form>的具体用法如下：

1）表单需要限定其范围，一个表单的所有标记内容都要写在<form>和</form>之间，当用户单击表单中的"提交"按钮时，提交的信息只能是<form>和</from>之间的内容。这里有一个特别说明：HTML 5 增加了 form 属性，允许在<form>标签外使用，并能将数据提交到服务器外，但是该标签应用较少。

2）表单的属性必须完整，如表单的 action 响应位置、提交的 method 方法等。

3）表单需要一个"提交"按钮，方便用户提交数据。

除了以上基本用法外，表单还有以下基本属性：

1）name 属性。name 属性是作为唯一标记表单的一个字段，如<form name="myform">，该属性的主要作用是供 JavaScript 通过代码调用表单中的元素（随着 HTML 5 的发展，这种方式已经逐渐被 id 属性替代）。

2）id 属性。id 属性供 JavaScript 调用，并对元素进行页面的检验和控制。在整个

HTML 页面中，id 的名称是唯一的。

3）action 属性。表单的响应 URL 是由 action 属性来设置的，如<form action="login.jsp">，表示当用户提交数据后，将数据提交到 login.jsp 进行处理，处理完成后通常将结果返回给浏览器。

4）method 属性。表单中的 method 方法对应的选项有两个，即 get 和 post，其中默认的方法是 get，用法如<form method="post">。

这两种方法的区别如下：

① get 方法提交后，会在浏览器的地址栏中将提交的信息显示出来，提交的数据之间用&隔开；post 方法提交后，信息不会在浏览器中显示出来，数据更加安全。

② get 方法最多只能提交 256 个字符，而 post 方法无此限制，因此在提交文件、大量数据时尽量使用 post 方法。

③ 超链接本质上是一个 get 方法，服务器将超链接当作 get 方法进行处理。

④ 大部分的表单提交推荐采用 post 方法，但是在一些特殊地方仍会使用 get 方法进行数据提交，如在分页控制的应用中。

2. 表单数据的处理流程

表单数据的处理流程可以简单描述如下：当用户单击表单的"提交"按钮后，表单会向服务器发送用户填写的内容，服务器则会通过提交数据的 name 和 value 对应的值进行数据的提取，在对提取数据进行处理后，返回给服务器。

在表单提交中，一个最简单表单必须有以下三部分内容：

1）<form>标记。表单提交必须有一个完整的<form>标记，服务器处理表单数据会根据 form 标记将表单作为整体处理。

2）至少一个提交项。每个表单至少有一个提交项（文本域、单选按钮或复选框等），这样提交的数据才有意义，才能正确收集到用户的信息，否则将没有信息提交给服务器。

3）提交按钮。每一个表单中最好有一个提交按钮，方便用户将输入的信息提交到服务器中。

（六）表单中常见的标记

1. <input>标记

<input>标记主要用来让用户输入信息，方便表单将输入的信息提交到服务器中进行处理。<input>标签的样式由 type 属性控制，type 属性的值不同，对应的显示效果也不同。

2. 单行文本框

当<input>的属性 type="text"时，代码在页面中显示一个单行文本框。文本框主要用来收集用户的基本信息，其基本用法如下：

```
<input type="text" name="username" id="username" size="20"/>
```

这段代码的含义是：该文本框的宽度为 20 个字符，id 和 name 都为 username。这里需要重点说明的是，id 只在当前页面中起作用，主要与 JavaScript 配合，起到页面交互的作用；提交中起关键作用的是 name，如果用户输入的信息为"张三"，那么提交后，服务器收到的数据其实是"username=张三"。服务器处理的是属性 name 中的属性名为 username 中的信息。

如果用户没有输入内容，那么服务器提交表单后收到的数据为空。在 HTML 5 中为了避免出现这种情况，定义了 required 属性，在提交信息之前，页面会对提交项进行检查，如果没有输入，则不允许提交。

另外，<input>还有一个 value 属性，可以在初次打开页面时让文本显示一个初始值，方便用户对初始值进行操作。

3．密码框

当<input>中的 type 属性为 password 时，表示该属性是一个密码域，用户的输入会以密文显示；但是在提交到服务器的过程中，则是以明文形式输入。

4．单选按钮

当<input>中的 type 属性为 radio 时，页面中会显示一个单选按钮。这里需要重点说明的是，单选按钮只有在 name 值相同时才有效。在一组单选按钮中，浏览器只允许用户选择一个按钮，当提交时，只有被选中的单选按钮的 name 和 value 被提交到服务器中。

5．复选框

当<input>的 type 属性为 checkbox 时，该标签在页面中显示为复选框，允许用户选择一个或多个选项。当复选框的属性为 checked 时，表明该复选框默认为选中状态。当表单提交时，浏览器检测复选框，只有在复选框为选中状态时，才会提交到服务器进行处理。

6．数字域

当<input>标签的 type 属性为 number 时，页面中会显示一个数字域，只允许用户输入指定的整数类型数。number 是 HTML 5 的新属性。

7．文件域

当<input>的 type 属性为 file 时，页面会显示为带浏览标记的文件上传域，以供用户将文件上传到服务器中。

8．隐藏域

当<input>的 type 属性为 hidden 时，此时的文本域为隐藏状态，在页面中不会有任何显示效果。这种隐藏域的常见用法是存储用户的特定信息，如有些页面需要分步完成，此时可以用隐藏域存储特定的信息，隐藏域在页面中对用户是不可见的，客户端单击发送按钮发送表单，隐藏域的信息同其他数据一起发送到服务器。

9. 多行文本域

<textarea>是多行文本域标记,作用是让用户在浏览器中输入多行文字,如很多留言和评论都是多行文本域。

第二节　CSS 基础

由 W3C 组织制定标准和进行维护的 CSS 是一种计算机语言,旨在为结构化语言(包括 XML 和 HTML)增加相应的样式。CSS 常用于网页编排中,在 HTML 中使用 CSS 可以制作出非常绚丽的网页效果。

CSS 在 HTML 被发明之初就开始以样式表的形式出现,而且不同的浏览器针对自身不同的特点进行定义。当时的样式表仅供网页的浏览者使用,这是因为早期的 HTML 定义的功能和属性很少,浏览者只能通过浏览器定义的样式表进行调节,从而改善阅读效果。让用户对样式表进行调节,一方面无法满足网页设计师对网页进行调控;另一方面,这势必会增加用户使用浏览器的难度。因此,随着 HTML 的迅速发展,其自身功能和属性也逐渐完善,浏览器定义的样式表也就失去了作用。

CSS 会将 HTML 中的显示与内容分开,这么做有很多好处,具体如下:

1)可以使文件结构化。这种结构化设计可以对网页进行模块化设计(用 div 控制),并且在设计过程中遵循自上而下、逐步细化的思想,使编程人员能够更好地利用 CSS 对网页元素进行控制。

2)增强文档的可读性。由于 CSS 和 HTML 分开了,因此在对 HTML 源码会更容易理解;同时,CSS 源码中全是关于样式的定义,也能够很好地对源码进行查看。另外,可读性作为程序设计中最重要的原则,有利于程序员对程序进行修改,在多人协作开发系统中也能方便他人理解自己书写的程序源码,从而提高系统开发效率。同时,可读性也更方便开发者对设计的程序或系统进行升级和维护。

3)用户能够更加方便地决定网页元素的显示效果。CSS 能够让网页设计者对网页的显示效果进行更精准的控制,也能够决定网页元素的显示位置,从而实现与用户进行简单的交互,对网页元素进行像素级别的控制。

4)可以更加灵活地定义文档的结构。由于对页面格式的编辑和内容分开了,因此文档的结构定义更清晰,可以在一个 HTML 文件中引入多个 CSS 文件进行调控,而不必在一个页面中冗余过多的 CSS 定义。

5)维护和升级更加容易。由于 CSS 将显示和内容分开,因此系统维护和升级相对更加容易。用户在维护时,只需修改相应的 CSS 文件即可,而不用对整个系统进行更改。更改完成后,上传到服务器,即刻生效。同时,用户在对 Web 系统进行升级时,也只是修改 CSS 文件,增加新的 CSS 定义,而不必对整个系统文档进行修改。

Web 设计中往往采用 div 进行控制,即用一个 div 嵌套控制另外一个 div,如边界(margin)、边框(border)、填充(padding)、内容(content)。一般采用 CSS 对 div 进行有效控制。这种嵌套方式与我们日常生活中的盒子包装有些类似:边界相当于最外面一层盒子的包装膜,边框相当于里面的一层盒子,填充相当于为了防止物品受损而放在盒子里的填充物，内容相当于盒子里的物品。在这里，我们可以把每一个 HTML 的标记看作一个盒子，盒子里面还可以放一些小盒子，每个盒子同时拥有以上四个属性，每个属性可以分为上、下、左、右四个边界。综上，CSS 的盒子模型如图 2-4 所示。

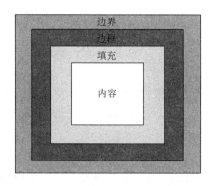

图 2-4　CSS 的盒子模型

从图 2-4 中可以很清楚地看到，利用 CSS 盒子模型能对 HTML 进行有效的控制，并把 HTML 中的元素有效地划分成不同的盒子，并在盒子中嵌套使用。这样可以有效地对网页各个元素进行最精确的控制，从而使网页显示达到非常绚丽的效果。

基于以上 CSS 的特点和优势，CSS 能够非常容易地对页面布局进行控制，并能够改善页面的显示效果，因此它是 Web 开发中不可缺少的技术之一。

一、CSS 基本特性

1）CSS 用于 HTML 文档中元素的样式定义。

2）CSS 实现了将内容与表现分离。

3）CSS 可以提高代码的可维护性和可重用性。

二、CSS 的语法构成

为了能够更直观地阐述其语法构成，这里举了一个简单的 CSS 样式的示例，一级标题 h1 的设置代码如下：

```
h1{
text-align: center;
color:#0000ff;
}
```

上述代码的主要功能：定义了样式 h，其文本显示为居中样式，颜色显示为蓝色，界面显示效果如图 2-5 所示。

图 2-5　CSS 样式界面显示效果

从上述显示和代码中可以看出，样式表由多个样式规则组成，每个样式规则有两部分：选择器和声明。其中，选择器决定哪些元素使用这些规则，如 h1{}；声明由一个或者多个属性/值对组成，用于设置元素的外观表现，如"text-align:center;"。

三、CSS 的样式

CSS 有三种样式，分别为内联样式、内部样式和外部样式。这三种样式的应用范围不一样，具体用法如下。

（一）内联样式

内联样式的特点是将样式定义在单个 HTML 元素中，其具体用法如下：

1）样式定义在 HTML 元素的标准属性 style 中。

2）不需要定义选择器，也不需要大括号。

3）只需要将分号隔开的一个或者多个属性/值对作为元素的 style 属性的值。

（二）内部样式

内部样式将样式定义在 HTML 页的头元素中。

1）样式表规则位于文档头元素的<style>元素内。

2）在文档的<head>元素内添加<style>元素，在<style>元素中添加样式规则。

内部样式比内联样式效果好，如果页面的 CSS 代码不是很多，也可以使用内部样式，其缺点是不便于维护，可复用性也比较差。

（三）外部样式

外部样式将样式定义在一个外部的 CSS 文件中（.css 文件），由 HTML 页面引用样式表文件。

1）创建一个单独的样式表文件，用来保存样式规则。

① 该文件是一个纯文本文件。

② 该文件中只能包含 CSS 样式规则。

③ 文件扩展名为.css。

2）在需要使用该样式表文件的页面上，使用<link>元素链接需要的外部样式表文件。在 link 中，rel 代表做什么用，href 代表引入的文件在哪，type 代表引入的是何种类型的文件，text/css 代表纯文本类型的 CSS 代码。

CSS 三种样式的区别如下。

① 内联样式：将样式定义在元素的 style 属性中，没有重用性。

② 内部样式：将样式定义在<head>元素里的<style>中，仅限于当前文档范围使用。

③ 外部样式：将样式定义在单独的.css 文件中，由页面引入它，其可维护性和可重用性高，同时实现了数据（内容）和表现的分离。

更推荐使用内部样式和外部样式。

四、CSS 样式表特征和优先级

CSS 在使用过程中具有如下特性：

1）继承性：可以继承大多数 CSS 的样式规则（子元素继承父元素的样式）。

2）层叠性：可以定义多个样式表。不冲突时，多个样式表中的样式可层叠为一个，即不冲突时采用并集方式。

3）优先级：冲突时采用优先级。

① 内联样式的优先级大于内部样式或者外部样式。

② 内部样式和外部样式：优先级相同的情况下，采取就近原则，以最后一次定义的为优先。

③ 当修改时，不修改原来的 CSS 代码，就在 CSS 中最后的位置重新写一遍新的样式。这样会以最后一次的代码为准，同时 CSS 文件代码行数也会越来越多。

注意事项：在 CSS 文件开头设置通配符样式，比如*{margin:0px;padding:0px;}，会覆盖掉浏览器的默认设置。

五、CSS 选择器

CSS 有很多选择器，具体如下。

1）标签选择器：HTML 文档的元素名称就是标签选择器（也称元素选择器）。
语法：

```
html<color:black;>
h1{color:blue;}
p{color:silver;}
```

缺点：不同的元素样式相同，即不能跨元素，所以做不到同一类元素下的细分。

2）类选择器：类选择器属于自定义的选择器。
语法：

```
.className{样式声明};
```

例如，<h1 class="important"></h1>，这里的 important 就是自定义的类选择器。

注意事项：

① HTML 文件中，所有元素都有一个 class 属性，如<p class="name"></p>。

② 类选择器还有一种用法：<div id="d1"class="s1 s2">hello</div>，即样式 s1 和样式 s2 共同对 div 起作用。

3）分类选择器：将类选择器和元素选择器结合起来使用，以实现同一类元素下不同样式的细分控制。例如<input class="abc">元素，既可以通过类选择器"abc"，也可以通过元素选择器进行设置，以达到同一效果。
语法：

```
元素选择器.className{样式声明}
```

4）id 选择器：以某个元素 id 的值作为选择器。比较特殊的、页面整体结构的划分一般使用 id 选择器，这种选择器应用较多。定义 id 选择器时，选择器前面需要加一个"#"号，选择器本身则为文档中某个元素的 id 属性的值。

5）派生选择器：依靠元素的层次关系[即文档对象模型（document object model，DOM）]进行定义。选择器一端包括两个或多个用空格分隔的选择器。例如：

```
h1 span{color:yellow;} <h1>This is a<span>important</span>heading
</h1>
```

6）选择器分组：对某些选择器定义一些统一的设置（相同的部分），其语法规则为：选择器声明为以逗号隔开的元素列表。例如：

```
h1,p,div{border:3px solid red;}
```

7）伪类选择器：向某些选择器添加特殊效果（常见的为超链接）时就会使用到伪类。
语法：使用冒号 ":" 作为结合符，结合符左边是其他选择器，右边是伪类。
常用伪类：有些元素有不同的状态，典型的是<a>元素。
① link：未访问过的超链接。
② active：激活。
③ visited：访问过的超链接。
④ hover：悬停，鼠标移入，所有元素都能用。
⑤ focus：获得焦点。
例如，a:link{color:yellow;font-size:10pt;}a:visited{color:black;font-size:15pt;} a:hover{ font-size:20pt; }，对超链接的未访问和访问过的状态进行设置。
以上各选择器优先级介绍如下。
基本规则：元素选择器<类选择器<id 选择器<内联样式。
优先级从低到高排序：div<.class<div.class<#id<div#id<#id.class<div#id.class。

六、CSS 定位

（一）CSS 定位简介

CSS 定位是指将页面中的元素在页面中以固定的方式显示，CSS 定位分为以下几种。
1）普通定位：页面中的块级元素框从上到下一个接一个地排列，每一个块级元素都会出现在一个新行中，内联元素将在一行中从左到右排列水平布置。
2）浮动定位：页面元素的定位随着前面或后面的位置而变化。
3）相对/绝对定位：相对定位是计算元素相对于自己原来的位置距离，如 position: relative；绝对定位是计算元素相对于被定位的外层容器距离，如 position:absolute。

（二）position 属性

position 属性用于更改定位模式，值包括相对定位、绝对定位和固定定位。
语法：

```
position: static/absolute/fixed/relative
```

取值说明：
1）static：默认值。无特殊定位，元素遵循 HTML 定位规则（默认的流布局模式）。
2）absolute：使用 left、right、top、bottom 等属性进行设置，位置参照最近且有定位的父级对象进行绝对定位。

3）fixed：元素定位遵从绝对定位，但是要遵守一些规范。低版本的浏览器中，该属性无效。

4）relative：元素不可层叠，但将依据 left、right、top、bottom 等属性在正常文档流中偏移位置。

（三）偏移属性

偏移属性用于实现元素框位置的偏移。
语法：

```
top/bottom/right/left: auto/length
```

取值说明：

1）auto：默认值，无特殊定位，根据 HTML 定位规则在文档流中分配。

2）length：长度值/百分数，由浮点数字和单位标识符组成。必须定义 position 属性值为 absolute 或者 relative 时，此取值方可生效。

（四）堆叠属性

堆叠属性可以将元素堆叠在另外一个元素上。
语法：

```
z-index: auto/number
```

取值说明：

1）auto：默认值，为 0，遵从其父元素的定位。

2）number：无单位的整数值，可为负数。

特别说明：

1）较大 number 值的元素会覆盖在较小 number 值的元素之上。如果两个绝对定位元素的此属性具有同样的 number 值，那么将依据它们在 HTML 文档中声明的顺序层叠。

2）此属性只作用于 position 属性值为 relative 或 absolute 的元素。

3）默认布局使用堆叠无效。

（五）相对定位

相对定位（relative）具有以下特点：

1）元素仍保持其未定位前的形状。

2）原本所占的空间仍保留。

3）元素框会相对它原来的位置偏移某个距离。

4）在相对定位元素之后的文本或元素占有它们自己的空间而不会覆盖被定位元素的自然空间。

5）相对定位会保持元素在正常的 HTML 流中，但是它的位置可以根据其前一个元素进行偏移。

6）相对定位元素在可视区域之外，滚动条不会出现。

（六）绝对定位

绝对定位（absolute）具有以下特点：

1）绝对定位会将元素脱离出正常的 HTML 流，而不考虑其周围内容的布局。

2）要激活元素的绝对定位，必须指定 left、right、top、bottom 属性中的至少一个。

3）设置为绝对定位的元素原来的位置会被其他元素占据。

4）绝对定位元素在可视区域之外会导致滚动条出现。

定位的主要作用是方便页面中的元素显示，读者可以根据页面需求定义一个符合页面元素需求的定位。

第三节　CSS 基本用法

CSS 的基本用法包括 CSS 与 HTML 的属性对比，以及 CSS 中相关属性的细分，高级用法主要体现在条件 CSS 设置方面，另外，由于现在的 W3C 标准提倡使用 HTML 作为语义，使用 CSS 进行页面渲染，因此在 CSS 与 HTML 属性对比中，希望读者能够了解两者的区别，而在代码书写中，尽量将 HTML 的自带样式转化为 CSS 的标准样式。

一、CSS 高度

通过 CSS 来控制设置对象的高度，就是这里所提到的 CSS 高度。使用 CSS 属性单词 heighto 单位可以使用 px、em 等，常使用 px（像素）为单位。实例如下：

```
MyCSS.yangshi{height:300px;}
```

上述代码表示将 myCSS 类选择器对象高度设置为 300px。

1）CSS 高度单词：height。

2）CSS 最大高度：max-height（IE 7 及以上版本浏览器支持）。

3）CSS 最小高度：min-height（IE 7 及以上版本浏览器支持）。

4）CSS 的行高：line-height（当 line-height 和 height 的数值相等时，则样式上下居中）。示例中针对高度的设置 height:300px;，单位为 px。有些 HTML 的语法中，使用 height="300" 的方式，后面没有指明单位为 px，这种方式目前已经停止使用，标准使用示例如下：

```
<table>
<tr><td height="100px">我的高度为 100px</td></tr>
<tr><td height="50px">我的高度为 50px</tdx/tr>
</table>
```

上述代码分别以 100px 和 50px 的高度来设置两行表格。

（一）CSS 自适应高度

CSS 中的高度的特点是高度会随着内容的增加而增加，即 CSS 的 height 属性如果不设置，会被 CSS 盒子中的内容撑高，也就是高度自适应。这种自适应需要根据页面需求来使用，无须在页面中使用"height:auto;"的方式来标注。

（二）固定高度及隐藏溢出内容

为了保证 CSS 盒子中的高度固定，同时不显示盒子中多余的内容，可以设置高度为固定高度，同时隐藏超出固定高度的内容，即隐藏溢出内容。

（三）设置最小高度

为了使整体页面布局显得更加整齐，有时候可以使用最小高度设置控制布局的左右结构对齐，可以使用 min_height 参数进行设置。

二、CSS 宽度

（一）CSS 宽度基础知识

CSS 宽度是指通过 CSS 样式设置的对应 div 宽度。
传统 HTML 宽度属性单词：width。例如 width="300"。
CSS 宽度属性单词：width。例如 width:300px。
最大宽度单词：max-width。例如 max-width:300px。

（二）HTML 初始宽度与 DIV+CSS 宽度对照

1）传统 HTML 中如设置宽度 width="300"，则表示设置对应元素宽度为 300px。宽度值后无须跟单位，默认情况下以 px 为单位。例如，<td width="300">我的宽度为 300px</td>，即设置了对应表格 td 的宽度为 300px。

2）DIV+CSS 中如设置宽度"width:300px;"，则表示设置对应 CSS 样式为 300px，这里需要跟单位。例如，#header{width:300px;}，即定义 header CSS 选择器样式宽度为 300px。

对应于 div 模块的代码为"<div id="header">我的宽度为 300px 宽度</div>"。

（三）CSS 宽度说明

1）CSS 宽度自适应。我们常常看到一个网页宽度会随浏览器宽度的改变而自动改变，这种宽度就是自适应宽度。这是运用了百分比实现自适应宽度。

2）CSS 宽度固定。CSS 宽度固定即设置宽度为固定值即可，例如设置 width:300，即设置对应固定宽度为 300px。

3）最小固定宽度。CSS 样式代码为 min-width。IE7 及以上版本的微软、火狐、谷歌浏览器均支持该设置，一般情况下很少设置最小固定宽度，如需设置，需要辅助浮动（float）效果。

4）最大固定宽度。CSS 样式代码为 max-width，即内容不超过此设置最大宽度，火狐、谷歌浏览器均支持该设置。

三、CSS 边框

（一）CSS 边框基础知识

CSS 边框（CSS border）即通过 CSS 样式可以设置边框的具体属性，包括边线宽度、颜色、虚线、实线等。

（二）边框样式

1）设置上边框：border-top。

2）设置下边框：border-bottom。

3）设置左边框：border-left。

4）设置右边框：border-right。

（三）边框显示样式示例

```
border-style:none|hidden|dotted|dashed|solid|double|groove|ridge|
inset|outset
```

边框样式一般都是边框的线性，其参数值解释如下：

1）none：无边框。

2）hidden：隐藏边框。

3）dotted：点画线。

4）dashed：虚线。

5）solid：实线边框。

6）double：双线边框。两条单线与其间隔的和等于指定的 border-width 值。

7）groove：根据 border-color 的值绘制 3D 凹槽。

8）ridge：根据 border-color 的值绘制菱形边框。

9）inset：根据 border-color 的值绘制 3D 凹边。

10）outset：根据 border-color 的值绘制 3D 凸边。

说明：上述有些特性可能在 IE 较低版本中运行效果不佳，但是在 HTML 5 和 CSS 3 中已经完全兼容最新版的浏览器。如果出现不兼容的情况，可以下载最新版的 Chrome 浏览器进行测试。

（四）DIV CSS 边框技巧

如果设置对象上、下、左、右边框样式相同，则可以简写，无须分别写出上、下、左、右的属性及对应值。例如，设置上、下、左、右边框为 1px 宽度、实线、黑色边框的 CSS 代码如下：

```
border:1px solid #000;
```

如设置左、右、下有边框并且样式为黑色 1px 宽度实线边框，而上边没有边框，则 CSS 代码如下：

```
border:1px solid #000;
border-top:none;/*将原本有的上边框层叠*/
```

四、CSS 背景

（一）CSS 背景基础知识

可以通过 CSS 为对象设置背景属性，如设置背景的各种样式。CSS 中的背景可进行如下设置：

1）background-color：设置对象背景颜色。

2）background-image：设置背景图片。

3）background-repeat：设置背景平铺重复方向。

4）background-attachment：设置背景图像是否固定或者随页面的其余部分滚动。

5）hackground-position：设置对象的背景图像位置。

CSS 对背景设置的代码和 HTML 代码有所差别，HTML 通过 bgcolor 设置背景颜色，通过 background 设置图片背景，目前针对背景设置主要以 CSS 的代码为主。

（二）背景颜色

假如要设置 table 背景颜色，则使用 bgcolor="颜色值"。

假如要设置 CSS 背景颜色，则使用"background-color:颜色值;"或"background:颜色值"。例如，"background-color:red"表示设置红色背景。

（三）CSS 图片背景

在 CSS 中，可以使用 background-image 或 background 直接引用图片地址，将图片设置为对象背景。

使用"background:url(./img/logo.gif);"或"background-image:url(./img/logo.gif);"将背景设置为图片时，它们起到的效果是一样的，但图片可能会上下左右重复，这是以这种方式设置图片作为背景时的缺陷。可以按照如下方法进行设置：

```
background: url (logo.gif) no-repeat 10px 5px fixed;
```

参数说明：

1）url（logo.gif）：参数为图片的地址，可以是相对路径，也可以是绝对路径。

2）no-repeat：是否让图片重复显示，这里是不重复。repeat-x 是向 X 方向重复，repeat-y 是向 Y 方向重复。

3）10px：距左 10px，可以使用 center 属性居中处理。

4）5px：距顶 5px。使用 top 属性，距顶部距离为 0；使用 bottom 属性，距底部距离为 0。

5）fixed：设置是否固定或随内容滚动，fixed 为固定，scroll 为随内容滚动。该属性一般可以省略，默认值为 scroll。

（四）DIV CSS 背景居中

左右居中和上下居中是 CSS 背景居中的两种方式，使用 margin 和 padding 两个属性进行设置。通过计算上下高度，可以实现背景图像上下居中。例如，上下高度距离为 500px，若图片的高度为 100px，那么设置当前 div 的 margin-top 为 200px；可实现上下居中。

实例：background:#666 url（图片地址）no-repeat center top。

将图片设置为背景时，如果在 X 坐标方向上重复设置图片，则将图像设置为对象位置的左侧或右侧均无效，设置在对象的上或下位置开始显示是可以的。简而言之，图片左右设置失效是由 repeat-x 属性导致的。

将图片设置为背景时，如果在 Y 坐标方向上重复设置图片，则将图像设置为对象位置的上侧或下侧时均无效，设置在对象的左或右位置开始显示是可以的。同样，图片上下设置失效是由 repeat-y 属性导致的。

如果将背景设置为完全重复，当将图片设置在对象的上、下、左、右位置时，将会显示多个重复的图片，即在上、下、左、右位置都有重复的图片。

五、CSS float 用法

通过 CSS 定义 float（浮动），使 div 样式层块向左或向右（靠）浮动。

参数说明：

1）none：对象不浮动。

2）left：对象浮在左边。

3）right：对象浮在右边。

六、CSS 字体

CSS 字体涉及的内容很多，这里给出一个简单示例：

```
font: 12px/1.5 Arial,Helvetica,sans-serif;
```

一般常用以上代码定义一个网页的文字的 CSS 样式。这段代码的含义是字体的大小为 12px，line-height 为 1.5 倍字体尺寸，字体按照 Arial、Helvetica、sans-serif 的优先级顺序显示，如果本机中没有 Arial，则会显示后面的字体，依此类推。

七、CSS 加粗

可以通过 DIV CSS 控制对象的加粗。使用代码 font-weight 进行设置，值可以为 100～900 的任意数，font-weight 常用的值为 bold。

font-weight 参数如下：

1）normal：正常的字体，相当于 number 为 400。声明此值将取消之前的所有设置。

2）bold：粗体，相当于 number 为 700。也相当于设置为 bold 的效果。

3）bolder：特粗体。

4）lighter：细体。

5）number：100|200|300|400|500|600|700|800|900。

HTML 直接对对象进行加粗的标签有<b></b>或<stnrng></strong>，两者效果相同。

1）在 HTML 中对对象直接进行加粗：使用<b>或<strong>（已淘汰）。

2）使用 CSS 加粗对象：使用"font-weight:bold"，相当于"Font-weight:700;"。

八、CSS 下划线

在 DIV CSS 网页中常常使用 CSS 代码给对象文字内容加上划线与下划线，其 CSS 属性单词如下：

```
text-decoration: none||underline||blink||overline||line-through
```

参数说明：

1）none：无装饰。

2）underline：下划线。

3）blink：闪烁。

4）overline：上划线。

5）line-through：贯穿线。

应用：超链接取消下划线可以使用"text-decoration:none;"。

九、CSS 注释

CSS 注释又称 CSS 注解，用于解释 CSS 文件中的代码含义。通常 CSS 注释不会被浏览器解释或忽略。

CSS 注释可以帮助用户解释自己的 CSS 文件，如解释一个 CSS 代码的功能和样式，这样不仅提高了可读性，也方便了以后对代码的维护。同时，在团队开发网页时，合理恰当的注释有利于团队快速阅读，方便团队协作开发，从而顺利、快速地开发 DIV+CSS 网站。

CSS 注释以"/*"开头，以"*/"结尾，注释内容放在"/*"和"*/"之间。

十、padding 用法

在 CSS 中，margin 用于设置盒子的外边距，而 padding 用于设置盒子的内边距。padding 和 margin 类似，包含上、右、下、左四个属性，同样，也可以分解为以下四种样式分开书写：

1）padding-top：距盒子顶部的距离。

2）padding-right：距盒子右边的距离。

3）padding-bottom：距盒子下边的距离。

4）padding-left：距盒子左边的距离。

例如，"padding-top:100px;"表示内容距离顶部 100px，同时盒子的高度增加 100px。除了使用 px 外，还可以使用百分比（%）进行设置，如"padding-left:10%;"表示以盒子宽度的 10%作为长度，并以该长度作为距盒子左边的距离。

如果上下左右都需要设置 padding 的值，则可以用简写来实现，以优化 CSS。

十一、CSS 外边距

margin 用于设置 CSS 的外边距。margin 和 padding 的区别如下：

1）margin 主要用于设置外边距，即盒子与盒子间的距离，作用在两个盒子之间；padding 主要用于设置内边距，主要是设置盒子内容与盒子边的距离，作用在盒子内部。

2）如果对盒子设置背景颜色，则 margin 无背景颜色；而 padding 由于在盒子内部，因此会有对应的背景颜色。

3）设置 margin 不会增大盒子的大小；而设置 padding 会增加盒子本身的大小，如"padding:100px;"会给盒子的高度和宽度都增加 200px。

虽然 margin 的设置和 padding 类似，但是这里仍需要对其进行详细的说明。margin 的具体用法如下：

1）margin-top：距离顶部盒子的距离。

2）margin-right：距离右边盒子的距离。

3）margin-bottom：距离底部盒子的距离。

4）margin-left：距离左边盒子的距离。

margin 的简写也是遵循上、右、下、左的写法，如"margin:1px 2px 3px 4px;"，表示当前盒子距离其他盒子的上、右、下、左的距离分别为 1px、2px、3px、4px，即等价于以下写法：

```
margin-top: 1px;
margin-right: 2px;
margin-bottom: 3px;
margin-left: 4px
```

margin 的其他用法和 padding 一样，也遵循省略的语句格式，推荐使用简写方式。在 CSS 的用法中，上下两个盒子的 margin-bottom 和 margin-top 具有"从大原则"，即盒子的上下间距遵从数值大的盒子的原则。

十二、CSS CT

1）HTML 中使用
和<p>进行文本换行。CSS 中没有换行的概念，其将元素分为行内元素（display:inline;）和行间元素（display:block;），其中行内元素不换行，行间元素换行；同时，浮动会使元素产生贴靠现象，丧失换行的特性。

2）定义文本上下文字间隔：使用 CSS 代码为 line-height，后面跟具体的数值和单位。例如，"div（line-height:22px;)"，即定义行高为 22px，具体代码如下：

```
.myCSS{
height: 32px;
line-height: 32px;/**行高=盒子高，单行文字居中**/
}
```

3）文本缩进使用 CSS 代码为 text-indent，后面是具体数值和单位。例如，"div{text-indent:25px;}"，即定义对象内开头的文字向后缩进 25px，具体代码如下：

```
.myCSS{
text-indent: 2em;/**首行缩进 2 字符**/
}
```

4）定义文本文字间间隔使用 CSS 代码为 letter-spacing，后面是具体数值和单位。例如，"div{letter-spacing:5px;}"，即定义字与字之间的距离为 5px，该属性一般应用较少。

十三、CSS 颜色

1）常用颜色包含字体颜色、超链接颜色、网页背景颜色、边框颜色。

2）颜色规范与颜色规定：使用 RGB 模式。

网页中颜色的运用是网页必不可少的一个元素。使用颜色的目的在于有区别、有动感（特别是超链接中运用），同时颜色也是各种网页的样式表现元素之一。

传统的 HTML 代码与 CSS 代码对于颜色的设置详细对比如下：

（一）文字颜色

传统 HTML 和 CSS 对于文字颜色的设置代码相同，均使用"color:"+"RGB 颜色取值"，如颜色为黑色字即在对应设置 CSS 属性选择器内添加"color:#000;"。

（二）背景颜色

HTML 代码使用"bgcolor=颜色取值"（已淘汰），CSS 代码使用"background-color:"+颜色取值。例如，设置背景为黑色，HTML 使用"bgcolor="#000""，而 CSS 使用代码"background-color:#000"。

（三）边框颜色

HTML 使用代码"bordercolor=值"（已淘汰）实现边框颜色，CSS 使用代码"border-color:"+颜色来实现。例如，HTML 使用代码"bordercolor="#000""；CSS 使用代码"border-color:#000;"。

十四、超链接文字样式

CSS 可以设置超链接有无下划线、文字颜色等样式。

超链接是指从一个网页指向一个目标的连接关系，该目标可以是另一个网页，也可以是相同网页上的不同位置，还可以是一张图片、一个电子邮件地址、一个文件，甚至是一个应用程序。在一个网页中用来超链接的对象可以是一段文本或者是一张图片。当浏览者单击超链接的文字或图片后，超链接目标将显示在浏览器上，并且根据目标的类型打开或运行。

十五、CSS id 与 CSS class

（一）CSS id

在同一个页面中只允许有一个 id，且 id 不允许重名。id 的主要作用是为 JavaScript 服务，具体包括取值、定位等，JavaScript 针对网页数据的操作主要是通过 id 关键字实现，那么对于 id 的取值以及定义必须是明确且唯一的，通过"#"进行标注，这点与 class 有所不同。

（二）CSS class

与 CSS id 不同，clsss 类可以在一个网页内被无限次引用。class 选择器以"."进行定义。

十六、CSS 后代选择器

CSS 后代选择器也称为包含选择器，对应于 CSS 的父级和子级对象，这里的父级和子级是相对而言的。例如，一个 div "A" 被另外一个 div "B" 包裹着，这时 B 就是 A 的父级，或者称 A 是 B 的后代。

十七、CSS 图片

在编写网页时经常会遇到以下情况：
1）img 图片多了边框，特别是链接后的图片带边框。
2）图片超出 DIV 边界范围。
下面通过以下方式解决上述两个问题。

（一）有边框的图片

只需在初始化 Img 标签时使用以下 CSS 语句即可去除边框：
```
Img{
padding: 0;
border: 0;}
```

（二）图片超出 div 边界范围

使用 CSS 设置 Img 标签宽度即可，假如该对象为 myCSS 设置宽度为 500px，那我们就只需设置 myCSS img{max-width:500px;}。

十八、CSS display 属性

在一般的 CSS 布局制作时，常常会用到 display 的对应值：block、none 和 inline。

（一）CSS display 的使用

下面的代码运行后，页面上不会有任何显示：
```
.myCSS{display: none}
```
对应的 HTML 代码如下：
```
<div class="myCSS">我是测试内容</div>
```

（二）CSS display 的参数

1）block：块对象的默认值，某元素设置为 block 后，该元素后面的元素自动换行。
2）none：隐藏对象。与 visibility 属性的 hidden 值不同，none 不为被隐藏的对象保留其物理空间。
3）inline：内联对象的默认值，用该值从对象中删除行。
4）compact：分配对象为块对象或基于内容之上的内联对象。
5）marker：指定内容在容器对象之前或之后。要使用此参数，对象必须和 ":after" 及 ":before" 伪元素一起使用。
6）inline-table：将表格显示为无前后换行的内联对象或内联容器。

7）list-item：将块对象指定为列表项目，并可以添加可选项目标志。

8）run-in：分配对象为块对象或基于内容之上的内联对象。

9）table：将对象作为块元素级的表格显示。

10）table-caption：将对象作为表格标题显示。

11）table-cell：将对象作为表格单元格显示。

12）table-column：将对象作为表格列显示。

13）table-column-group：将对象作为表格列组显示。

14）table-header-group：将对象作为表格标题组显示。

15）table-footer-group：将对象作为表格脚注组显示。

16）table-row：将对象作为表格行显示。

17）table-row-group：将对象作为表格行组显示。

第四节　JavaScript 基础

JavaScript 是一种基于原型、弱类型和动态类型的浏览器客户端脚本语言，其前身为 Netscape 公司的 LiveScript。与 HTML 不同，JavaScript 区分字母大小写。

JavaScript 的推出，是为了解决服务器端语言遗留的速度问题，从而为用户提供更流畅的浏览效果。服务端处理数据需要对数据进行验证。由于网络速度过于缓慢，验证步骤浪费的时间太多，于是 Netscape 开发了 JavaScript，提供了数据验证的基本功能。

由于 JavaScirpt 完全兼容 ECMAScript，因此目前主流的 Web 都利用 JavaScript 进行开发。JavaScript 是一种用来向 HTML 页面增加交互过程的、解释性的、具有事件驱动和对象的、目前比较安全的客户端（浏览器）脚本语言。

一、JavaScript 的基本特点

JavaScript 是一种基于对象（object）和事件驱动（event driven）的脚本语言，它具有安全性能。JavaScript 的主要功能是通过 HTML 和 Java 脚本语言（Java applet）将网页中的多个对象链接起来，与 Web 客户进行交互。因此，JavaScript 可用于开发客户端应用程序等。JavaScript 主要通过内嵌在 HTML 语言实现具体的功能。JavaScript 的出现弥补了 HTML 语言的缺陷，是 Java 和 HTML 之间折中的选择。JavaScript 具有以下基本特征。

（一）脚本语言

JavaScript 是一种使用小程序段实现编程的脚本语言。与其他脚本语言一样，JavaScript 是一种解释性语言，提供了简单的开发过程。JavaScript 的基本结构与 C、C++、VB 和 Delphi 非常相似，但在程序运行时需要先编译并逐行解释。它与 HTML 标记相结合，以方便用户操作。

（二）基于对象的语言

JavaScript 是一种基于对象的语言，也可以被视为一种面向对象的语言，这意味着

它可以使用创建的对象。因此，JavaScript 通过调用对象可以实现很多功能。

（三）简单性

JavaScript 的简单性主要体现在：①是一种简单的设计，其基于 Java 基本语句和控制流之上，可以说是从 Java 过渡出来的；②采用弱类型的变量类型，变量的运用较为简单，因为其并未使用严格的数据类型。

（四）安全性

JavaScript 是一种安全性语言，不允许访问本地硬盘，不直接在服务器上存储数据（数据可以间接通过 Ajax 提交），不允许修改和删除网络文件，只能通过浏览器实现信息浏览或动态交互，可有效防止数据丢失。

（五）事件驱动性

JavaScript 可以直接响应用户或客户的输入，而无须经过 Web 服务程序。它以事件驱动的方式响应用户。事件可以关联到鼠标、键盘、窗口、菜单等，事件驱动是指在页面上执行某些操作产生的响应，如按下鼠标、移动窗口、选择菜单等。

（六）跨平台性

JavaScript 依赖浏览器本身，与操作系统无关，实现了"一次编写，处处运行"的目的。

综上所述，JavaScript 功能非常强大，它可以被嵌入 HTML 的文件之中，可以直接响应用户的需求事件（如 form 的输入），不需要任何网络传输数据。所以当用户输入数据后，数据不需要经过服务器处理，可以直接被客户端的应用程序处理。

二、JavaScript 的代码结构

JavaScript 是事件驱动的语言，当用户在网页中进行某种操作时，就会产生一个事件，也称 event。事件可以看成网页中的任何事情，如单击页面元素、移动鼠标指针等。当页面中的事件发生时，JavaScript 可以对其做出响应，对页面中的事件进行处理。

因此，可以简单地说一个 JavaScript 的程序由"事件+事件处理"组成，用户是事件的发出者，JavaScript 是对事件的处理者。根据 JavaScript 在代码中的位置，可以将 JavaScript 分为三种方式。

（一）行内式

行内式即将 JavaScript 的脚本代码嵌入 HTML 的标记事件中，具体做法是在 HTML 代码中添加事件属性，其属性名为事件名称，属性值即为 JavaScript 的脚本代码，其具体用法如下：

```
<html>
<head><title>JavaScript 行内式</title></head>
<body>
```

```
<p onclick="alert ('行内式 JavaScript 弹窗效果'); ">单击此处文字会弹出一个
窗口</p></body>
</html>
```

上述代码中的 onclick 就是一个 JavaScript 的事件名，表示鼠标单击事件；alert 是一个事件处理函数，作用是弹出一个警告框。整个事件可以描述为当用户单击页面中的文字时，就会弹出一个警告窗。

（二）嵌入式

嵌入式主要是采用<script>标记调用 JavaScript 代码的方式，如果 JavaScript 代码较长，不必像行内式一样，将代码写到头文件中，可以将代码写到单独的区域内形成函数模块，然后在使用 JavaScript 的模块中调用函数即可实现。

（三）外链式

外链式即将 JavaScript 的代码写入外部的 JS 文件中，通过<script>标记的 src 属性将外部脚本文件关联起来，然后在 HTML 代码中可以直接调用该文件中的事件处理。这样既提高了代码的重用性，也方便代码的维护工作，修改时只需要修改该 JS 文件即可。

三、JavaScript 的事件

编写 JavaScript 程序一般需要三个要素：触发程序的事件名、事件的处理函数和事件的作用元素[DOM（document object model，文档对象模型）对象]。常见的 JavaScirpt 事件可分为鼠标事件、HTML 事件和键盘事件三种。

注意：JavaScript 的事件名应该全部小写。

四、JavaScript 元素的控制

由于 JavaScript 的主要作用是与前端页面进行事件交互，作用范围是浏览器中，不占用服务器的任何资源，因此其得到了广泛应用。很多页面的动态效果都通过 JavaScript 完成，从本质上来说，这些效果都是 JavaScript 对元素进行的操作。

第五节　Ajax 技术

Ajax（asynchronous JavaScript and XML，异步 JavaScript 和 XML）是一种基于网页的交互式应用开发技术，能够有效改善客户端浏览器与服务器端之间的数据交互。

传统的数据交互采用的方法是用户单击浏览器中页面中的某一部分，提交一个 HTTP 请求，服务器根据用户提交的请求返回一个完整的页面。

用户每单击一次 HTTP 请求，浏览器都会返回一个完整的页面。在多数情况下，一个页面变化的内容可能仅仅是一行信息或者一张图片，如果全部提交，有可能会浪费部分带宽，同时也会增加服务器端的压力。基于这种传统的 Web 交互模式中的不足，Ajax 交互方式应运而生。

　　Ajax 采用异步传输手段，能够允许用户在不更新整个页面的情况下，只针对用户需要更新的部分进行更新。这种更新方式可以让 Web 服务器以最快的速度响应客户端浏览器的请求，从而达到更好的用户体验效果。使用 Ajax 仅仅只需要浏览器对 JavaScript 的支持，而不需要安装特定的插件，因此在 B/S 开发模式中得到了广泛的应用。

一、Ajax 的概念

　　Ajax 是一种主要用于创建交互式网页应用的网页开发技术。Ajax 可以实现网页的异步更新，服务器能够直接与后台进行部分相关数据交换。这一特性表明，Ajax 允许浏览器在局部更新 Web 页面上的数据，而无须重新加载整个页面。传统的 Web 应用采用的交互方式是同步的，通常由浏览器执行数据初始化和发送操作请求，之后等待服务器处理响应，此时用户无法进行其他操作。当需要交互的数据不多，响应时间足够短，服务器处理的速度也足够快时，可以使用这种交互应用。

　　传统的 Web 应用，浏览器用户可以想象成"瘦客户端"，仅负责显示视图结果数据，当系统出现大量的交互数据，服务器处理业务量又大时，此时服务器的响应时间会比较慢，客户端用户等待的时间则相对较长或者超时，用户会失去耐心，用户体验效果较差。为了解决这种问题，浏览器作为"瘦客户端"开始向"胖客户端"转化，转化过程中，Ajax 就是关键技术，把一部分 Web 应用程序的业务逻辑移入到浏览器中。例如，当用户登录时，就会自动从 Web 服务器下载大量的 JavaScript 代码，这些代码会在整个会话的生命周期发挥作用，实时与用户交互、处理用户输入、决定如何响应用户请求以及定期保留曾用过的数据信息。通过这种方式，客户端与服务器的通信效率会高很多。Ajax 技术成为前端开发的主流技术。

二、Ajax 的关键技术

　　Ajax 并非一种新的语言或技术，而是几种相关技术组合使用，具体如下：

　　1）XHTML（extensible hyper text markup language，可扩展超文本标记语言）和 CSS：实现基于各种标准的页面展示。

　　2）DOM：实现数据的动态显示及数据交互使用。

　　3）XML 和 XSLT（extensible stylesheet language transformations，可扩展样式表转换语言）：实现数据交换和操作使用。

　　4）XMLHttpRequest 对象：进行异步数据检索。

　　5）JavaScript：将这些技术绑定起来。

　　为了让用户的操作与服务器的响应异步化，在用户与服务器之中加了一个中间层，这就是 Ajax 的工作原理。

（一）XHTML 和 CSS 视图

　　描述网页最基本的文档格式语言就是 HTML。HTML 具有强大的功能，并支持以不同数据格式嵌入文件。这也是万维网如此流行的原因。

　　在 Ajax 中，CSS 通常被用来控制 Web 应用程序中的 XHTML/HTML 元素的背景与颜色、元素框的样式、定位、对齐方式及文本字体、修饰等属性。CSS 是一种计算机语言，用来表示 HTML 或 XML 等文件样式。通过设立样式表，可以统一控制 HTML 中各个标志的显示属性。采用 CSS 设计网页，可以有效地对页面字体、颜色、背景、布局等其他效果进行精确的控制。想要方便地修改不同页面的同一模块，可以使用外部样式表。在生成用户界面及用户交互过程中，CSS 起到了不可忽视的作用。CSS 的使用使得 Ajax 应用程序的用户界面变得丰富多彩，它也是 Ajax 开发中必不可少的一种技术。将 XHTML 和 CSS 结合使用，Ajax 能够更容易地实现数据和表现的分离。

（二）DOM 技术

DOM 是 W3C 组织推荐的标准编程接口。DOM 使访问页面的其他标准成为可能，因为它是一个独立于浏览器、平台和语言的界面。DOM 是 HTML 和 XML 的编程接口，它定义了操作文档对象的接口，可以使用 DOM 提供的文件的表达式结构来更改内容和可见对象。DOM 给 Web 设计师和开发人员访问站点中的数据、脚本和表现层对象提供了一个标准的方法。DOM API 也由客户端的脚本直接调用，可以不需要服务器的支持。

DOM 能够将整个 HTML 页面文档或 XML 数据文档规划成多个文档，这些文档由相互连接的节点级构成。可以将一个节点的集合看作一个文档树，通过该文档树，开发人员可以很好地控制文档的内容和结构。另外，使用 DOM API 可以非常方便地在文档树中遍历、添加、删除、替换和修改节点，从而带来丰富的应用形式。图 2-6 所示为一个文档树。

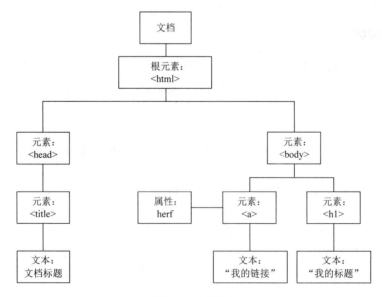

图 2-6　文档树

传统的 Web 应用中，一般使用服务器中新的 HTML 流刷新整个页面，再提供新的 HTML 对用户界面进行重新定义；而在 Ajax 应用中，DOM 被用来对用户界面进行更新。

DOM 可以解析传统的 HTML 文档且更适合解析规范化的 XML 文档。很多程序设计语言中设计了相应的类和对象，而这些类和对象可以通过调用 DOM API 高效地实现分析和处理 XML 数据文档或数据流的工作。

DOM 技术通常用于解析文档，因为它易于使用，可以将所有 XML 文档信息存储在内存中，并且遍历简单。但 DOM 也有明显的缺陷，即其对大型文档的解析速度可能比较慢，内存占用过大，由此可能导致程序运行效率降低。

（三）XML 和 XSLT 技术

XML 是一种标记语言，用于标记电子文件并使其结构化。XML 是 SGML（standard generalized markup language，标准通用标记语言）的子集，其目标是允许普通的 SGML 在 Web 上以目前 HTML 的方式被服务、接收和处理。XML 被设计成易于实现，且可在 SGML 和 HTML 之间进行互相操作。目前有两种方法对 XML 文档定义进行有效的规范和约束：DTD（document type definition，文档类型定义）和 XML Schema。DTD 是用于标记的一套语法规则，它定义了可以出现在 XML 文档中的元素、子元素和属性，以及这些元素出现的顺序。XML Schema 主要是用来定义 XML 文档的标记方式，其是用一套预先规定的定义了文档结构和内容模式的 XML 元素和属性创建的。

在 Ajax 应用中，XML 一般作为数据传输的媒介，服务器通常采用返回 XML 文本的方式将响应后的数据返回给浏览器客户端。在 Ajax 中，可以使用 XMLHttpRequest 对象的 responseXML 方法返回 XML 格式的文本。在此过程中会用到 XSLT，浏览器通过 XSLT 识别 HTML 和 XHTML 文档，把 XML 源树转换为 XML 结果树，重新排列元素，决定隐藏或显示哪个元素，从而进行 XML 文档的转换。

（四）XMLHttpRequest 技术

XMLHttpRequest 是 Ajax 技术体系中最为核心的技术，缺少它，Ajax 的其他关键技术将无法组合成为一个有机整体。在 Ajax 应用程序中，XMLHttpRequest 对象主要负责将用户信息以异步的方式发送到服务器，然后等待服务器返回的响应信息和数据。

XMLHttpRequest 是 XMLHttp 组件的一个对象，使用 XMLHttpRequest 可以实现 Web 页面与服务器端进行异步通信。通过 XMLHttpRequest 对象，Web 应用程序可以不用刷新页面就能向服务器提交信息。使用 XMLHttpRequest 对象，可以不必每次都将数据处理的工作交给服务器，这样既可以减轻服务器的负担，又加快了响应速度，还能够缩短用户的等待时间。

XMLHttpRequest 可以实现异步返回 Web 服务器的响应，并且能以文本或者 DOM 文档形式返回内容。XMLHttpRequest 可以接收任何形式的文本文档。XMLHttpRequest 对象是 Ajax 的 Web 应用程序中的一项重要的关键技术。

三、Ajax 技术的优点

和传统的 Web 应用不同，Ajax 应用可以只向服务器发送并取回必需的数据，不需要提交没有变化的数据，如此可以减少数据在服务器和浏览器之间的交换，使应用响应更快。许多工作也可以同时在请求的客户机上处理，这节省了 Web 服务器的处理时间。

Ajax 的最大优点是可以在本地刷新，而无须重新加载整个页面。这样不仅可以减轻服务器的负担，还可以避免重复发送没有改变的信息，使 Web 应用的响应更加干净利索，改善用户体验。

用户允许 JavaScript 在浏览器上执行（这是应用 Ajax 技术的前提），而无须安装相应的浏览器插件。Ajax 应用程序需要能够在大部分主流浏览器和平台中使用。随着 Ajax 技术应用的日益频繁，顺势出现了简化 Ajax 使用方法的程序库。

传统 Web 应用模型和 Ajax 的 Web 应用模型对比如图 2-7 所示。

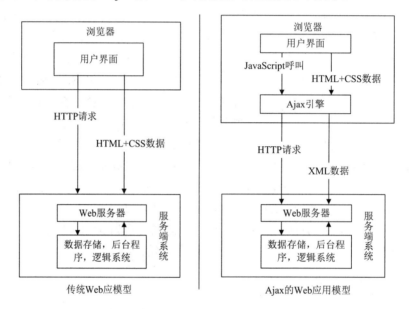

图 2-7　传统 Web 应用模型和 Ajax 的 Web 应用模型对比

四、Ajax 的 Web 应用

简单来说，Ajax 的工作方式就是客户端将请求的数据封装成一个 XML 数据，通过 HTTP 传递给服务器端，服务器端处理这个请求，并将结果也以 XML 的形式返回客户端，客户端再处理这些请求，然后使用 HTML 和 CSS 进行展示。

在 Ajax 模型中，在用户和服务器之间引入一个中间层 Ajax 引擎，相当于在程序中增加一层机制，使它的响应更灵敏。当会话开始时，浏览器加载一个 Ajax 引擎，该引擎负责回执用户界面及与服务器端的通信。Ajax 引擎允许用异步方式实现用户与程序的交互，不需要等待服务器的通信，所以用户不需要再打开新的窗口，等待服务器完成之后再响应。Ajax 的工作机制如图 2-8 所示。

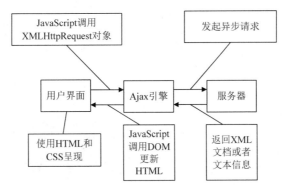

图 2-8　Ajax 的工作机制

第六节　jQuery 技术

jQuery 是为了简化 JavaScript 与 HTML 之间的操作而开发的一个优秀的跨浏览器 JavaScript 库。

使用 jQuery 有如下优势：

1）解决了浏览器兼容的问题。JavaScript 在浏览器兼容方面表现得并不好，在不同的浏览器中，如 IE 浏览器和 Firefox 浏览器，设计者需要为这两个浏览器设计不同的事件操作，这在一定程度上增加了程序的复杂性。jQuery 自身的 Event 事件对象对所有的浏览器都支持，用户不需要因浏览器不同而设计不同的事件操作，只需对其进行相应的调用即可。

2）提供了功能强大的函数。在 jQuery 中，很多功能是以函数封装的方式提供给用户使用的。用户在使用 jQuery 时不必重复编写某些功能函数，从而节省了开发时间，提高了开发效率。

3）方便与 Ajax 进行交互。jQuery 通过内置的 JavaScript 函数可以很方便地与 Ajax 进行有力的交互，从而提高页面的加载速率，改善用户的体验效果。

4）调用方便。在 HTML 代码中，jQuery 的实现方案是页面展示的内容和业务逻辑代码分离的方式，用户在使用 jQuery 时，只需定义相应的 id，没有必要重新书写大量的 JavaScript 代码。同时，jQuery 为了帮助用户更好地使用其框架，书写了大量的帮助文档，也对其应用进行了很详细的叙述，这有助于用户对 jQuery 的了解，也方便了用户对其进行调用。

5）实现功能强大的 UI（user interface，用户界面）设计。通常情况下，利用 JavaScript 实现一个功能强大、内容丰富且界面漂亮的 UI 非常难得，而且即使实现了，在下一次使用时，也可能需要重新书写代码，没有很高的复用性。引入 jQuery 后，可以很容易地利用内置相关函数实现界面美观的 UI 设计，从而达到更好的用户体验效果。

6）模块化开发。jQuery 采用模块化开发模式，并且支持很多 API 的调用。采用这种方式进行开发，用户可以非常方便且高效地开发功能强大的动态网页或静态网页。

基于以上特点和优势，jQuery 得到了广泛的应用。

SOA（service-oriented architecture，面向服务的架构）是互联网时代的主流软件体系架构，Web 服务是 SOA 的具体落地技术，其"服务"的思想深入人心，并逐步取代了 Saas（software-as-a-service，软件即服务）。

第一节　Web 服务协议栈

如果要构建一个完整的 Web 服务体系，那么对其进行规范的一系列协议是必不可少的。Web 服务协议栈如图 3-1 所示。

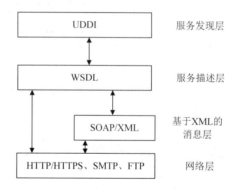

图 3-1　Web 服务协议栈

网络层是 Web 服务协议栈的基础，目前 Web 服务中主流的网络层传输协议是 HTTP；数据表现层描述了整个 Web 服务中用于交换的数据或信息；数据模型层定义了 Web 服务中数据结构的元数据；网络层上是基于 XML 的消息层，使用的是消息协议 SOAP（simple object access protocol，简单对象访问协议）；服务描述层为调用 Web 服务提供了具体的方法，采用的规范是 WSDL（web services description language，网络服务描述语言），将 Web 服务描述定义为一组服务访问点，客户端可以通过这些服务访问点对包含面向文档信息或面向过程调用的服务进行访问（类似远程过程调用），包括服务实现和服务接口两个方面的描述。

UDDI（universal description discovery and integration，通用描述、发现与集成）是一种用于描述、发现、集成 Web Service 的技术，是 Web Service 协议栈的一个重要部分。通过 UDDI，企业可以根据自己的需要动态查找并使用 Web 服务，也可以将自己的 Web

服务动态地发布到 UDDI 注册中心，供其他用户使用。

图 3-1 展示了基本的 Web 服务协议栈，尽管不同的组织、厂商采用不同的服务协议栈的形式，但在以下几方面仍然形成了共识：以 XML 作为数据格式，采用 SOAP 作为传输协议，采用 UDDI 作为服务注册者的实现规范，采用 WSDL 描述 Web 服务，等等。

第二节　HTTP

HTTP 是互联网中应用最广泛的一种网络传输协议，是网页浏览器和网页服务器之间的应用层通信协议。HTTP 规范了包括 Web 服务之内的所有网页文件。按照层次模型对计算机网络进行划分，包括物理层、数据链路层、网络层、传输层、应用层。HTTP 是应用层的协议，更靠近用户，物理层和数据链路层的协议更接近计算机底层硬件环境。

一、HTTP 的特点

HTTP 客户端，如 Web 浏览器，通过连接到远程主机上的特殊端口（默认端口为 80）来发起请求。HTTP 服务器通过监听一个特殊的端口，如 get/http/1.1（用于请求默认的 Web 服务器页面），等待客户端发送请求序列，可选地接收诸如电子邮件等带有各种信息头序列的 MIME（multipurpose internet mail extensions，多用途互联网邮件扩展）消息。当服务器接收到请求后，会回复应答，并发出同样带有各种信息头序列的消息。

HTTP 是基于 TCP/IP 之上的协议，其可以保证传输文档的位置及正确性。

HTTP 的设计理念是为 HTML 文件的传输提供一种通用的规范，目前除了应用于 HTML 网页外，其还被用来传输超文本数据，如图片、音频文件（MP3 等）、视频文件（rm、avi 等）、压缩包（zip、rar 等）等。基本上，只要是文件数据，均可以利用 HTTP 进行传输。

HTTP 1.0 和 HTTP 1.1 都把 TCP（transmission control protocol，传输控制协议）作为底层的传输协议。当客户端与服务器端成功建立连接时，彼此之间的消息传递需要通过服务器预选定义的套接字来实现。套接字就像客户端与服务器端相连的"门"。客户端和服务器端都通过套接字获取 HTTP 传输过来的消息本体，也通过套接字发送消息本体。当消息本体送到套接字之后，客户端和服务器就失去了对该消息的控制。TCP 协议保证了数据在服务器和客户端之间完整的传输，即每个 HTTP 消息都将无损地到达目的地。这是分层网络体系机构的一大优势，HTTP 无须关心数据的丢失及恢复的细节，这些都是更底层的协议负责的内容。

TCP 本身带有拥塞控制机制，即先以缓慢的传输速率启动[称为缓启动（slow start）]，再根据网络状况调整数据传输速度。

二、HTTP 的技术架构

HTTP 是一个客户端和服务器端请求和应答的标准（TCP）。客户端是终端用户，服务器端是网站。Web 浏览器或者网络爬虫等其他工具作为客户端发送一个 HTTP 请求到某个服务器上。该客户端称为用户代理（user agent）。应答的服务器上存储着（一些）资源，如 HTML 文件和图像。应答服务器为源服务器（origin server）。在用户代理和源服务器中间可能存在多个中间层，如代理、网关，或者隧道（tunnel）。TCP/IP 是互联网上应用最广泛的协议，TCP 是运输层协议，提供可靠传输服务，IP 是网络层协议，HTTP 具有广泛性，还可以应用在其他网络协议上。提供可靠传输的底层协议都可以被 HTTP 使用（图 3-2）。

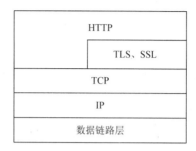

图 3-2　HTTP 在 TCP/IP 中的地位

通常，由 HTTP 客户端发起请求，建立一个到服务器指定端口（默认是 80 端口）的 TCP 连接。HTTP 服务器具有监听功能，可以收到所有客户端发送过来的请求。一旦收到请求，服务器（向客户端）发回一个状态行，如"HTTP/1.1 200 0K"，以及带有请求的文件或提示信息等其他信息的消息。TCP 具有可靠的数据传输及错误纠正功能，相对于 UDP（user datagram protocol，用户数据报协议）的不可靠传输，用于网页的数据传输的 HTTP 必须使用 TCP。

通过 HTTP 或者 HTTPS 请求的资源由 URL 来标识。

（一）协议功能

HTTP 是服务器和客户端的数据传输协议。通过使用 HTTP，可以增加浏览器的工作效率并有效减少网络延迟。HTTP 可以快速无损地有序传输超文本文档，使浏览器能有序显示。

HTTP 是客户端浏览器或其他程序与 Web 服务器之间的应用层通信协议。

在 Internet 上的 Web 服务器上存放的都是超文本信息，客户机需要通过 HTTP 传输所要访问的超文本信息。HTTP 包含命令和传输信息，不仅可用于 Web 访问，也可以用于其他 Internet/内联网应用系统之间的通信，从而实现各类应用资源超媒体访问的集成。

在浏览器的地址栏里输入的网站地址称为 URL。就像每家每户都有一个门牌地址一样，每个网页也都有一个 Internet 地址。当在浏览器的地址栏中输入一个 URL 或是单击一个超链接时，URL 就确定了要浏览的地址。浏览器通过 HTTP 将 Web 服务器上站点的网页代码提取出来，并翻译成相应的网页。

（二）协议基础

HTTP 使用请求响应模型。客户端向服务器发送请求，遵循 HTTP 的数据格式，包含请求方法、版本协议等内容，并将修饰符、客户信息封装；服务器响应客户端请求信息，响应信息中包含协议版本、响应代码、实体元信息等。

HTTP 承载客户端和服务器之间的双向信息，即请求消息和应答消息。这两种类型的消息由一个起始行、一个或者多个头域、一个指示头域结束的空行和可选的消息体组成。HTTP 的头域包括通用头、请求头、响应头和实体头四部分。头域的命名规则为域名、冒号、域值。域名不区分大小写，域值可以以空格开头。头域可以被扩展为多行，但每行需以空格或制表符开头。

三、HTTP 的工作原理

HTTP 的工作原理可分为如下四步：

1）建立连接。

2）发送请求信息。

3）发送响应信息。

4）关闭连接。

当用户单击某个超链接时，客户端和服务器之间的连接即开始建立，即 HTTP 开始工作。

连接建立之后，客户端给服务器发送一个固定格式（URL、协议版本号、MIME 信息）的请求信息。其中，MIME 信息包括请求修饰符、客户机信息和可能的内容。

服务器接到请求后，给客户端发送一个固定格式（状态行、响应码、MIME 信息）的响应信息。其中，状态行包括信息的协议版本号，MIME 信息包括服务器信息、实体信息和可能的内容。

用户收到服务器发出的响应信息后，双方的连接中断。

如果以上过程中的某一步出现错误，客户端将收到错误信息。对于用户来说，这些过程是由 HTTP 自己完成的，用户只要用鼠标单击，等待信息显示即可。

大多数 HTTP 通信是由客户端发起的，其中也包括向源服务器申请访问资源。HTTP 通信通常发生在 TCP/IP 连接之上，也可以应用在其他可靠传输协议连接之上。

HTTP 通过 TCP/IP 的方式进行通信，通信前要建立虚电路，先建立连接再进行通信，通信过程中一直占用这条虚电话，直至通信结束，再释放虚电路，类似于打电话的方式，先拨号，确定能拨通后再进行通信。

HTTP 在 Web 服务技术体系中承担传输功能。如图 3-3 所示，Web 服务的请求或应答信息随同后文的 SOAP 包一起装载在 HTTP 报文中在 Internet 上传输。

图 3-3 HTTP 作为 Web 服务的传输承载协议

HTTP 的主要特点如下：

1）支持 C/S 模式。

2）简单快速：客户向服务器发送请求时，只需附上请求方法和路径即可。GET、HEAD、POST 等都是常用的请求方法，不同的方法会导致客户与服务器联系的类型不同。但是，由于 HTTP 的协议简单，HTTP 服务器的程序规模小，因此 HTTP 服务器之间的通信速度很快。

3）灵活：所有类型的数据都可以通过 HTTP 进行传输。

4）无连接：每次连接只能处理一个请求。

5）无状态：HTTP 是无状态协议。

第三节　XML

XML 用于标记电子文件，使其具有结构性。目前，XML 已经成为 Internet 上的标准数据描述语言。

在计算机中，标记的定义是计算机理解编译的信息符号。计算机之间通过标记，就可以处理各种信息。XML 不仅可以标记数据，同时也可以定义数据类型，其通过提供统一的方法来描述和交换结构化数据，这些数据不依托于程序。XML 是 Internet 环境中跨平台的、依赖于内容的技术，也是当今处理分布式结构信息的有效工具。

一、XML 的基本概念

XML 是一种标准通用标记语言（SGML）（图 3-4）。W3C 于 20 世纪 90 年代末正式批准了 XML 的标准定义，其可以构建文档和数据，以便在部门、客户和供应商之间进行交换，从而实现动态内容生成、企业集成和应用程序开发。

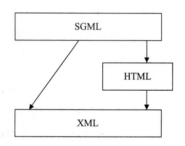

图 3-4　标记语言的层次结构

XML 可以使用户更准确地搜索、更方便地传送软件构件（如 Web 服务）、更好地描述一些事物（如电子商务订单）。

（一）XML 基础

1）XML 是一种类似 HTML 的标记语言。

2）XML 的设计初衷是传输数据，并非显示数据。

3）XML 需要自行定义标签。

4）XML 具有自我描述性。

5）XML 是 W3C 的推荐标准。

（二）XML 和 HTML 之间的差异

1）XML 无法替代 HTML。

2）XML 是对 HTML 的补充。

3）XML 和 HTML 为不同的目的而设计。

4）XML 被用来传输和存储数据，其核心是数据本身。

5）HTML 被用来显示数据，其核心是数据展示。

6）对 XML 最好的描述：独立于软件和硬件的信息传输工具。

（三）XML 的基本特点

XML 的基本特点如图 3-5 所示。

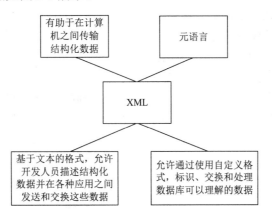

图 3-5　XML 的基本特点

XML 作为源语言，方便开发人员与计算机之间进行人机交互，定义了交换数据的格式。

二、XML 的语法

XML 去掉了之前令许多开发人员头疼的 SGML 的随意语法。在 XML 中采用了如下语法规则，实例如图 3-6 所示。

```
<?xml version = "1.0" encoding = "GB2312" ?
<Details>
  <CONTACT>
  <RESTAURANT_NAME>师范大学</RESTAURANT_NAME>
  <Phone>83858300</Phone>
  <Street>龙昆南路 99 号</Street>
  <City>海南海口</City>
  <Country>中国</Country>
  <ZIP>571158</ZIP>
  <Email>Hainnu@163.com</Email>
  <CONTACT>
  <CONTACT>
  ...
<Details>
```

图 3-6　遵循 XML 语法的数据描述

1）所有标签都有对应的结束标签。

2）一个标签可以同时表示起始和结束标签。结束标签的简化写法是在大于符号之前紧跟一个斜线（/），如<百度百科词条/>，XML 解析器会自动将其扩展成<百度百科词条></百度百科词条>。

3）嵌套中的标签必须顺序匹配结束标签。

4）所有的特性都必须有值并且值的周围加上双引号。

这些规则使得开发一个 XML 解析器非常简便，而且避免了使用标准通用标记语言语法上的困难。MathML、SVG、RDF、RSS、SOAP、XSLT、XSL-FO 等技术不断产生，HTML 同时扩展为 XHTML。

XML 能够以灵活有效的方式定义管理信息的结构。以 XML 格式存储的数据不仅有良好的内在结构，而且由于它是 W3C 提出的国际标准，因此受到广大软件提供商的支持，易于进行数据交流和开发。只要定义一套描述各项管理数据和管理功能的 XML 语言，用 Schema 对这套语言进行规定，并且共享这些数据的系统的 XML 文档遵从这些 Schema，那么管理数据和管理功能就可以在多个应用系统之间共享和交互。

XML 作为数据描述语言（主要描述结构化数据），在数据定义、数据描述方面方便了人机交互，增强了互操作特性。

第四节　基于 XML 的消息协议 SOAP

SOAP 是一种简单的、轻量级的基于 XML 的通信协议，用于应用程序之间的通信，在 Web 上交换结构化和固化信息。

SOAP 可以和现有的很多网络协议相结合使用，如 HTTP、SMTP（simple mail transfer protocol，简单邮件传输协议）、MIME 等。同时，SOAP 也可以作为远程过程调用（remote procedure call，RPC）方式为应用程序提供支持，SOAP 将基于 XML 的数据结构和 HTTP 组合在一起，通过定义一个标准方法来使用网络上各种不同操作环境中的分布式对象。

一、SOAP 模型

SOAP 是在 UserLand、IBM、Microsoft、DevelopeMentor 等公司共同起草下，由 W3C 公布推荐的一种分布式处理协议，SOAP 模型如图 3-7 所示。在 SOAP 模型中，SOAP 节点的作用是处理 SOAP 消息，在每个 SOAP 节点中都有一个实现了 SOAP 协议的 SOAP 处理器。在 SOAP 发送节点上，SOAP 应用程序生成后续传递的数据单元集，这些向后传递的数据单元被称为 SOAP block。在一次调用过程中，SOAP 处理器将所有数据单元组装成一个 SOAP 消息，并根据具体情况将其与底层的网络协议绑定，以网络数据包的形式进行传输。在此过程中，SOAP 接收节点接收数据，执行逆过程。SOAP 中介节点是对 SOAP 消息传递的 SOAP 节点，SOAP 可允许 SOAP 中介节点在传输过程中对数据单元 SOAP block 进行处理，但这一过程并不是一定要进行的。

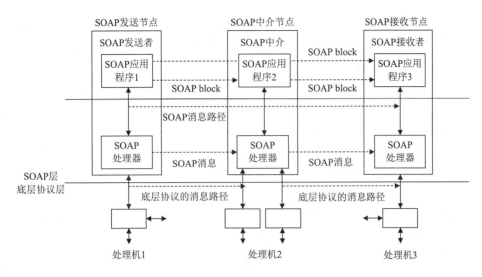

图 3-7　SOAP 模型

二、SOAP 的组成

SOAP 信封（envelope）是 SOAP 消息在句法上最外面的一层结构，其构建和定义了一个整体框架，是 SOAP 消息结构的主要容器，用来指明消息内容、发送者、处理者以及操作等。

图 3-8 所示为 SOAP 消息的组成。从图 3-8 中可以看出，在 SOAP 信封中含有 SOAP 头（header）和 SOAP 主体（body），其中 SOAP 头可选可不选，而 SOAP 主体则为必选项。SOAP 头和 SOAP 主体中包含若干条 SOAP 条目（block）。在通信过程中，由 SOAP 中介处理 SOAP 头，而 SOAP 主体则由 SOAP 最终接收者进行处理。

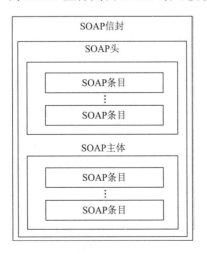

图 3-8　SOAP 消息的组成

SOAP 信封的命名空间为：http://www.w3.org/2001/06/soap-envelopeo。

SOAP 编码规则（encoding rules）定义了一种序列化机制，用于表示应用程序需要使用的数据类型的实例，SOAP 编码独立于其他 SOAP 部分。因此，当用户在使用自己定义的数据类型时，可以直接使用自己所定义的编码规则，使 SOAP 可以满足各种情况。SOAP 的编码规则由 encoding-Style 属性指定，在 SOAP 头和 SOAP 主体中的每个条目都可以有指定的编码规则。

SOAP 编码规则命名空间为：http://www.w3.org/2001/06/soap-encoding。

SOAPRPC 表示定义了一个约定，用于表示远程过程调用和应答。当在 RPC 中使用 SOAP 时，RPC 调用和响应被传递到 SOAP 体元素中，在执行方法调用时，调用节点被调用方法建模为 Struct 结构，Struct 中的存取标识被该方法的参数按照原有顺序进行映射。在响应方法时，响应消息被响应节点建模为 Struct 结构，Struct 结构内的存取标识表示为返回值、返回参数，错误信息由 SOAP Fault 元素进行处理。

SOAP 绑定（binding）以 SOAP 信封在节点间交换数据。SOAP 绑定元素的目的是标示 SOAP 协议格式，如 envelope、heade 和 body。定义示例如下：

```
<definitions...>
       <binding...>
              <soap:binding transport="uri"?style="rpc|document"?>
       </binding>
</definitions>
```

在各种各样的环境中对所传输的文档内容进行解析处理是 SOAP 的主要设计目标之一。SOAP 不像之前的技术那样调用或响应两方都必须遵守的某种特定的应用语义，其采用的方式是用模块化后的包装模型和对模块中的特定格式编码数据的重编机制来表示语义信息。由于使用 XMLSchema 定义该包装模型和重编机制，因此 SOAP 消息传输的语义信息很容易被每个处理节点理解；而且由于 SOAP 消息数据完全是 XML 格式的，因此避免了之前的二进制编码传输使得不同系统之间很难相互理解的问题。SOAP 的这种特性最终使得其可以取代其他分布式技术的底层通信协议[如 DCOM（distributed component object model，分布式组件对象模型）和 HOP]，其他因此成为 Web 服务的核心协议。

SOAP 是 XML 文档，编写时需要满足如下语法规则：

1）SOAP 消息必须用 XML 编码。

2）SOAP 消息必须用 SOAP Envelope 命名空间。

3）SOAP 消息必须用 SOAP Encoding 命名空间。

4）SOAP 消息不能包含 XML 处理命令。

第五节 UDDI

UDDI 协议是关于目录的服务，服务对象主要是提供者和使用者，能够让 Web 服务进行注册和搜索。UDDI 集描述（description）、检索（discovery）、集成（integration）于一体，且重点为注册机制。UDDI 包含于完整的 Web 服务协议栈中，并且作为其基础的主要部件。

UDDI 是一种规范，主要提供基于 Web 服务的注册和发现机制，为 Web 服务提供三个重要的技术支持：①标准、透明、专门描述 Web 服务的机制；②调用 Web 服务的机制；③可以访问的 Web 服务注册中心。UDDI 规范由 OASIS（Organization for the

Advancement of Structured Information Standards，结构化信息标准促进组织）制定。

UDDI 作为一个开放的、广泛的行业计划，可以让商业实体实现：①彼此发现；②决定在 Internet 上如何彼此作用，且能够在同样的全球注册体系架构内共享信息。

UDDI 实现了一组接口，这些接口是公共的，网络服务通过这些公共访问接口便能够向服务信息库注册信息，注册者在世界各地也都能够使用网络服务。

UDDI 基于现成的标准，如 XML 和 SOAP。UDDI 有自己的规范，并且这些规范都能兼容实现，因为这些规范都是机构成员在使用过程中开发出来的，其主要目的是在经过多次连续更新版本之后，再把之后开发得到的结果交付给另外一个独立的标准组织。

程序开发者可以经过 UDDI 机制寻找互联网上的 Web Service，当得到了 WSDL 文件之后，便能够在自己的程序中使用 SOAP 来请求相应的服务。

通过程序手段 UDDI 注册中心可以访问对企业和企业支持的服务描述。此外，还能访问 Web 服务支持的规范、分类法及标识系统的引用，这些规范、分类法、标识系统引用因行业而异。UDDI 提供了一种新的编程模式，这种模式定义了与注册中心通信的规则。在 UDDI 规范中，所有 API 都是使用 XML 定义的，并包装在 SOAP 信封中，在 HTTP 上进行传输。

UDDI 列表保存在 UDD1 注册中心。每个列表可以包含以下内容：

1）白页：与电话簿中用于查找公司信息的白页类似。例如，如果知道公司的名称，就可以在其中查找公司的地址、如何进行联系，甚至还能确定与组织中的哪个人联系。

2）黄页：与电话簿中的黄页一样，可以在其中根据分类查找公司。UDD1 指定了各种分类法，以供各个公司对自己进行分类。

3）绿页：公司可以使用搜索方法查找使用了特定服务的贸易合作伙伴。例如，可以邮政编码为关键字进行搜索距离相近的公司。

绿页即所需的全部内容，能够让公司对 WSDL 信息进行访问。

发布应用程序必须读取和理解 WSDL 文档的内容。另外，它们必须向 UDDI 注册中心发送请求，并由 Java 类库处理任何响应。有两个现成的 Java 类库可以提供这种功能，分别是 Web Services Description Language for Java（WSDL4J）和 UDDI Java API（UDDI4J）。

WSDU4J 提供可以用于解析现有 WSDL 文档或通过编程创建新 WSDL 文档的标准 Java 接口。WSDL4J 是定位在 IBM developerWorks 网站上的一个开放源码项目，其目的是为 Java 规范请求 110（Java Specification Request 110，JSR 110）提供一个参考实现。该 JSR 是由 Java 程序社区（Java Community Process）开发的。

第六节 其他 Web 服务应用技术

除了主流的 Web 服务规范和实现方式外，其他厂商和组织也面向 Web 服务开发了一些实用的平台、产品和补充规范，目的就是使其技术落地、规范完整。

一、IBM SCA/SDO

SCA（service component architecture，服务组件框架）是由 BEA、IBM、Oracle 等多家厂商一起制定的一种符合 SOA 思想的规范。IBM 主导 SCA 的开发和维护，并贡献了其面向 SCA 的开源产品——IBM Tuscany。

SCA 有自己的一套基于面向服务应用系统的编程架构，其主要理念是提供服务和相关实现。接口不仅可以决定服务，也包括一组操作。服务也能够引用更多服务。服务拥有一个或者多个属性，并且这些属性都是能够在外部进行配置的值。

SCA 中有服务数据对象（service data object，SDO），对数据整合有着重要的推动作用。

IBM SCA/SDO 的主要目标和特点如下：

1）SCA 是对目前组件编程的进一步升华，其目标是让服务组件自由绑定各种传输协议，集成其他的组件与服务。

2）SCA 组件通过服务接口公开其功能，而在 SCA 内部同样采用服务接口来使用其他组件提供的功能。

3）SCA 强调服务实现和服务组装，即服务的实现细节和服务的调用访问分离开。

SCA 组件被组成为程序集。程序集不仅是服务级的应用程序，而且是服务的集合，将许多服务连接起来，以实现完整的配置。SCA 程序集在两种情况下运行：第一种，程序集作为系统内部组件；第二种，程序集作为模块内部组件。两种运行方式的不同处在于：组件组成了模块，而模块组成了系统。模块应用在"小规模编程"（programming in the small），系统应用在"大规模编程"（program-ming in the large 或 megaprogramming）。

将组件连接到它所依赖的服务的方式就是服务网络"装配"的方式。SCA 程序集能够在很多技术框架中进行实施应用，如 CORBA、J2EE、ATG Dynamo 和 Spring。程序集提供了很多有用的功能，如更为方便地迭代开发、能够让中间件容器避开业务逻辑的依赖等。SCA 通过程序集也处理了 SOA 中的很多麻烦问题，如：①将业务逻辑和底层基础架构、服务质量、传输进行分离；②"小规模编程"与"大规模编程"的关联；③为架构编码设计及操作部署提供了一种新的办法，即自底向上（bottom-up）和自顶向下（top-down）。

二、WS-Security

WS-Security（Web 服务安全）是一种网络传输协议，为 Web 服务保障安全。

WS-Security 最初由 IBM、Microsoft、VeriSign 和 Forum Systems 开发，现在协议由 Oasis-Open 下的一个委员会开发，官方名称为 WSS。

WS-Security 协议包含关于如何在 Web 服务消息上保证完整性和机密性的规约。WS-Security 协议包括 SAML（security assertion markup language，安全断言标记语言）、Kerberos 和认证证书格式（如 X.509）的使用等详细信息。

WS-Security 描述了如何将签名和加密头加入 SOAP 消息。除此以外，还描述了如何在消息中加入安全令牌，包括二进制安全令牌，如 X.509 认证证书和 Kerberos 门票（Ticket）。

WS-Security 将安全特性放入一个 SOAP 消息的消息头中，在应用层中处理。

三、WS-Policy

WS-Policy（Web services policy framework，Web 服务策略框架）提供了一种灵活、可扩展的语法，用于表示基于 XML Web services 的系统中实体的能力、要求和一般特性。WS-Policy 定义了一个框架和一个模型，并将这些特性表示为策略。

通过在 SOAP 包的扩展部分植入策略（Policy），可使 Web 服务应对多种场景，如 QoS、推荐等，由此增强 Web 服务的服务能力。

四、WSI BP

WSI-BP（Web 服务互操作基本概要）由 Web 服务互操作性的行业协会规范（WSI-BP）发布，为 SOAP、WSDL 及 UDDI 提供互操作性上的指引。WSI-BP 致力于提高 Web 服务的互操作能力。

由 WSI-BP 施加的主要限制如下：

1）不得使用 SOAP 编码。由于 SOAP 编码已经被证明常常会导致互操作性问题，因此 WSI-BP 基本概要要求使用 WSDL SOAP 绑定的 RPC/literal 或 Document/literal 形式。

2）需要使用针对 SOAP 的 HTTP 绑定。

3）对于 SOAP 故障（SOAP Fault）消息，需要使用 HTTP 500 状态响应。

4）需要使用 HTTP POST 方法。

5）需要使用 WSDL 1.1 描述 Web 服务的接口。

6）需要使用 WSDL SOAP 绑定的 rpc/literal 形式或 document/literal 形式。

7）不得使用请求—响应（solicit-response）操作和通知（notification）样式的操作。

8）需要使用 HTTP 和 WSDL SOAP 进行传输。

9）需要使用 UDDI tModelI 元素的 WSDL 1.1 进行描述。为了便于大家评估其 Web 服务是否遵循 WSI-BP，WS-I 测试工具工作组设计和开发了相应的参考工具，并且正在将在 WS-I 基本概要草案中定义的约束和要求转化成测试断言。这些断言将配置测试工具，Web 服务从业人员可以用这些工具测试其开发的 Web 服务实例和 WSDL 描述是否遵循概要。

WS-I 的目标是可以从这些基本概要创建复合的概要，从而能够组合各种功能来满足业务要求。

第一节　JSP 基础知识

一、JSP 脚本

JSP 脚本的语法格式如下：

```
<%Java 程序段%>
```

将 Java 程序段包含在以"<%"开始、以"%>"结束的符号标志内，即为 JSP 脚本。JSP 脚本程序可以包含任意的 Java 语句、变量、方法或表达式，其他文本、HTML 标签、JSP 元素必须写在脚本程序的外面。

二、JSP 声明

JSP 声明的语法格式如下：

```
<%!声明；[声明；] +...%>
```

将 Java 程序段包含在以"<%!"开始、以"%>"结束的符号标志内，即为一个 JSP 声明语句。一个 JSP 声明语句可以声明一个或多个变量、方法。经过 JSP 声明的变量、方法是全局性的，即经过 JSP 声明的变量值和方法可以被后续所属页面的 Java 代码继续调用。

三、JSP 表达式

JSP 表达式的语法格式如下：

```
<%=表达式%>
```

将 Java 表达式语句包含在以"<%="开始、以"%>"结束的符号标志内，即为一个 JSP 表达式。JSP 表达式元素中可以包含任何符合 Java 语言规范的表达式，但是不能使用分号来结束表达式。一个 JSP 表达式首先要完成 Java 语言表达式运算，然后被转化成 String，最后插入表达式出现的地方。

四、JSP 注释

JSP 注释的语法格式如下：

```
<%-这里可以填写 JSP 注释-%>
```

将注释语句包含在以"<%-"开始、以"-%>"结束的符号标志内，即为一个 JSP

注释。JSP 注释主要有两个作用：为代码做注释和将某段代码注释掉。

五、JSP 运算符与常量

JSP 支持所有 Java 逻辑、算术运算符和常量。例如：

1）逻辑运算符：与、或、非，结果为 true 或 false。

2）算术运算符：加、减、乘、除运算等。

3）常量：整型常量、浮点型常量、字符型常量、字符串型常量、布尔型常量、null 常量。

第二节　JSP 内置对象

JSP 内置对象是 JSP 容器提供的 Java 对象，开发者可以直接使用这些内置对象，而不用事先做显式声明。JSP 支持九个内置对象，如表 4-1 所示。

表 4-1　JSP 内置对象

内置对象	有效范围	描述
out	page	PrintWriter 类的实例，提供对输出流的访问，用于把结果输出到网页上
request	request	HttpServletRequest 类的实例，该对象提供对 HTTP 请求数据的访问，同时还提供用于加入特定请求数据的上下文
response	page	HttpServletResponse 类的实例，能够向客户端输出数据
session	session	HttpSession 类的实例，可用来保存服务器与客户端之间需要保存的数据。当客户端关闭网站的所有网页时，session 变量会自动消失
application	application	ServletContext 类的实例，表示应用程序上下文，能让 JSP 页面和包含在应用程序中的任何 Web 组件共用信息
page	page	Servlet 类的实例，相当于 Java 类中的关键字 this
config	page	ServletConfig 类的实例，允许将初始化数据传递给 JSP 页面
pageContext	page	PageContext 类的实例，能够在 JSP 页面中对所有对象及命名空间进行访问
exception	page	Exception 类的对象，代表发生错误的 JSP 页面中对应的异常对象

request 和 response 是重要的 JSP 内置对象，JSP 通过 request 对象获取客户浏览器的请求，通过 response 对客户浏览器进行响应。通过这两个对象，服务器端与浏览器端可进行交互通信的控制。客户端的浏览器从 Web 服务器上获得网页，实际上是使用 HTTP 向服务器端发送一个 request 请求，服务器收到客户端浏览器发来的请求后，做出 response 响应。也就是说，客户打开浏览器（客户端），在地址栏中输入 URL 地址（Web 服务器的服务页面地址）并提交 request 请求后，Web 服务器 response 响应返回服务的网页，客户端浏览器就会显示 Web 服务器上的网页内容。

一、out 对象

out 对象是 PrintWriter 类的实例，主要对客户端输出信息及管理其缓冲响应。PrintWriter 类对象根据页面是否有缓存来进行不同的实例化操作。PrintWriter 新增了一些专为处理缓存而设计的方法。在默认情况下，输出的数据先存放在缓冲区中，当达到某一状态时才向客户端输出数据。这样就不用每次执行输出语句时都对客户端进行响应，加快了处理的速度。可以在 page 指令中使用 buffered=lalse 属性来轻松关闭缓存。表 4-2 列出了 out 对象的常用方法。

表 4-2　out 对象的常用方法

方法	描述
print(dataType dt)	输出 Type 类型的值
println(dataType dt)	输出 Type 类型的值，且进行换行
getBufferSize()	获取缓冲区大小
getRemaining()	获取剩余缓冲区大小
isAutoFlush()	是否自动清空缓冲区
clearBuffer()	清除缓冲区
flush()	刷新缓冲区

二、request 对象

request 对象是 javax.servlet.http.HttpServletRequest 类的实例，其在服务器启动时便自动创建。在客户端访问服务器端时，会提交一个 HTTP 请求。客户端通过 HTTP 请求一个 JSP 页面时，服务器端的 JSP 引擎会将客户端提交的请求信息封装在 request 对象中，通过调用 request 对象的方法可以获取请求信息。

常用的客户端和服务器进行通信的方法是通过 URL 或者 HTML 表单进行参数传递，客户端通过表单等形式进行数据上传，服务器端通过 request 对象获取这些数据。

request 对象提供了很多方法，通过这些方法，服务器端可以获取 session、cookie 等数据，request 对象的常用方法如表 4-3 所示。

表 4-3　request 对象的常用方法

方法	描述
String getParameter(String name)	返回指定名称的指定参数，若不存在则返回 null
String[]getParameterValues(String name)	返回指定名称的参数的所有值，若不存在则返回 null
Enumeration getParameterNames()	返回申请中所有参数的集合
HttpSession getSession()	返回 session 对象，若不存在则创建一个
HttpSession getSession(boolean create)	返回 session 对象，若不存在但参数 create 为 true，则返回一个新的 session 对象
String getRequestedSessionId()	返回 request 指定的 session ID
Cookie[]getCookies()	返回客户端所有的 Cookie 的数组
Object getAttribute(String name)	返回指定名称的属性值，若不存在则返回 null
Enumeration getAttributeNames()	返回对象的所有属性名
String getQueryString()	返回链接的参数值
String getRemoteAddr()	返回客户端的远程 IP 地址
String getRemoteHost()	返回客户端的实际主机名称
String getRemoteUser()	返回用户的登录信息，若用户未认证则返回 null

续表

方法	描述
String getRequestURI()	返回 request 的 URI
String getServletPath()	返回 servlet 的路径
int getServerPort()	返回服务器端口号
String getContextPath()	返回 URI 中指定的上下文路径
String getPathInfo()	返回 URL 的所有路径
String.getRealPath(String name)	获取用户请求的网页文件的真实路径
Enumeration getHeaderNames()	获取所有 HTTP 头的名称集合
int getIntHeader(String name)	返回指定名称中的信息头的值
IoCale getIoCale()	返回当前页的 IoCale 对象，可以在 response 中进行设置
ServletInputStream getInputStream()	返回请求的输入流
String getAuthType()	返回认证方案的名称，用来保护 Servlet，如 BASIC、SSL 或 null（如果 JSP 没有设置保护措施）
String getCharacterEncoding()	返回 request 中字符编码的名称
String getContentType()	获取 MIME 类型，若未知则返回 null
String getHeader(String name)	获取指定名称的信息头
String getMethod()	获取此 request 中的 HTTP 方法
String getProtocol()	获取此 request 应用的协议名字和版本号
boolean isSecure()	获取 request 是否进行了加密通道的应用
int getContentLength()	获取 request 主体中的字节数，若未知则返回-1

三、response 对象

response 对象是 javax.servlet.http.HttpServletResponse 类的实例。response 对象将服务器处理后的结果返回客户端，对客户的请求做出动态响应。当服务器创建 request 对象时，会同时创建用于响应该客户端的 response 对象。

response 通过响应来处理用户在浏览器中提交的各种请求，包括获取用户的个人信息及获取 HTTP 的信息头。

四、session 对象

session 对象是 javax.servlet.http.HttpSession 类的实例。session 对象用来保存客户私有信息及客户端上下文请求之间的会话。在默认情况下，JSP 允许会话跟踪，session 对象将会自动地为新的客户端实例化。如果要禁止会话跟踪，则需要将 page 指令中的 session 属性值设置为 false，以显式地关闭它，代码如下：

```
<%@page session="false"%>
```

JSP 页面可以将任何对象作为属性来保存，开发者可以方便地用 session 对象存储或检索数据。

五、application 对象

application 对象是 javax.servlet.ServletContext 类的实例，其直接包装了 Servlet 的 ServletContext 类的对象。application 对象用于保存所有应用程序中的公有数据。服务器启动并且自动创建 application 对象后，只要没有关闭服务器，application 对象将一直存在，所有用户可以共享 application 对象。通过向 application 中添加属性，Web 应用的所有的 JSP 文件都能访问这些属性。

application 对象与 session 对象的不同之处：不同客户拥有不同的 session 对象，而所有客户拥有同一个 application 对象。

六、pageContext 对象

pageContext 对象是 javax.servlet.jsp.PageContext 类的实例。pageContext 对象用于管理页面的属性，主要用来访问页面信息，同时过滤掉大部分的实现细节。它是 JSP 页面所有功能的集成者，可以访问本页中的所有其他内置对象及其属性。

pageContext 类定义了一些字段常量，包括 PAGESCOPE、REQUESTSCOPE、SESSION_SCOPE、APPLICATION_SCOPE。它提供了 40 余种方法，有一半继承自 javax.servlet.jsp.JspContext 类。

（一）取得其他隐含对象的方法

pageContext 对象存储了 request 对象、response 对象、application 对象、session 对象、out 对象、config 对象的引用。调用 pageContext 对象中的 getPage()、getOut()、getException()、getRequest()、getResponse()、getSession() 等方法，可以获得相应的内置对象。

（二）取得属性的方法

1）getAttribute(String name,int scope)：在指定范围内返回属性名称为 name 的属性对象。

2）setAttribute(String name,Object value,int scope)：在指定范围内设置属性及其值。

3）removeAttribute(String name,int scope)：在指定范围内删除属性名为 name 的属性对象。

4）findAttribute(String name)：依次在 page、request、session 和 application 范围内寻找属性名称为 name 的属性对象。

（三）实现包含或转发跳转

利用 pageContext 对象执行 include 和 forward 操作，效果与调用 RequestDispatcher 中的方法相当。

1）include(String URL)：在当前位置包含另一个文件。

2）forward(String URL)：将当前界面跳转到指定的地址。

七、exception 对象

exception 对象被称为异常对象，用来封装页面运行时抛出的异常信息。它通常被用来产生对出错条件的适当响应，通过 exception 对象可读出运行时的异常信息。exception 对象抛出的异常信息将被传递到异常处理页面进行处理。如果一个 JSP 页面中设定了 <%@page isErrorPage="true"%>，则该 JSP 页面属于异常处理页面；如果一个 JSP 页面中没有此设定，则 exception 对象在此页面中不可用。

exception 对象常用的方法如下。

1）toString()：返回该对象的字符串信息。

2）getMessage()：获取错误提示信息。

第三节　Servlet 技术

Servlet 是运行在服务器端的小程序，其是一个接口，定义了 Java 类被浏览器访问的规则。在早期的 Web 服务器上，通常使用 CGI（common gateway interface，公共网关接口）接收用户提交的数据，并在服务器产生相应的处理，或将相应的信息反馈给用户。Servlet 即在 Java 服务器端实现该功能的 Java 小程序，它将用户的请求激活成单个程序的一个线程，使服务器端的处理开销大大降低。Servlet 的执行速度远快于传统的 CGI 程序，并具有更强大的功能、更高的效率、更好的安全性。JSP 的技术框架也是基于 Servlet 技术的。

一、JSP+Servlet 设计

（一）Servlet 概述

Servlet 是使用 Java 编写，由服务器端调用执行的 Java 类，是采用 Java 技术实现 CGI 功能的一种技术。Servlet 通过 API 接口和相关方法类实现编码规范。在 Servlet 中还可以使用添加到 API 的 Java 类软件包进行更多、更强大的功能扩展。

Servlet 本身与协议和平台无关，运行于服务器容器中，是服务器中的一个模块，Java 语言中能实现的功能 Servlet 基本上也能实现。Servlet 能够处理和响应客户端发出的 HTTP 请求，扩展 Web 服务器的功能，其功能和性能都远远强于传统的 CGI 程序。开发人员在使用 Servlet API 编程接口编写 Servlet 时，不需要关心如何装载 Servlet，也不需要了解服务器环境和传输数据的协议等。Servlet 能够运行在不同的 Web 服务器中，实现跨平台无障碍运行，避免了 CGI 在这方面的缺陷。

Servlet 的主要功能是通过交互式实时修改数据，生成动态网页信息。服务器将客户的请求传递到 Servlet，Servlet 根据客户的请求生成相应的响应内容，由服务器将动态生成的响应内容返回给客户。

使用 Servlet 开发 Web 项目具有众多优势，而且 Servlet 是使用 Java 语言开发的，也必然具有 Java 应用程序的可移植、稳健、易开发和易维护等优势。

1. Servlet 具有可移植性

Servlet 使用 Java 语言开发，符合 Java 的规范定义，因此 Servlet 不需要进行任何改动就可以在不同的操作系统平台和不同的应用服务器中安全运行。

2. Servlet 功能强大且代码简洁

Servlet 能够使用 Java API 所有的核心功能，能够直接与 Web 服务器进行交互，与其他程序共享数据，可以实现功能强大的业务处理逻辑，并且继承了 Java 的面向对象特性，代码封装简洁。

3. Servlet 安全性高

Servlet 可以使用 Java 的安全框架，有完整的安全机制，包括 SSL/CA 认证、安全策略等规范；Servlet API 是实现了类型安全的接口；服务器容器也会对 Servlet 进行安全管理。这几个方面一同保障了 Servlet 的安全性。

4. Servlet 的扩展性和灵活性高

Servlet 的接口设计非常精简，每个 Servlet 都可以形成一个模块，执行一个特定任务，在各个 Servlet 之间共享数据，相互交流协同工作，并具有 Java 的继承性等特点，使得 Servlet 的扩展与改变都非常灵活。

5. Servlet 与服务器集成紧密，运行效率高

Servlet 能和服务器紧密集成，可以密切合作，完成特定任务。Servlet 一旦被客户端发送的第一个请求激活并装载运行后，就长期驻留在内存中，在客户请求完成后仍继续在后台运行等待新的请求，大大加快了服务器的响应速度。当有多个客户端请求时，为每个请求分配一个线程而不是进程，能够大大节省系统开销。

（二）JSP+Servlet 设计模式

JSP 技术能够跨越多个系统平台，独立于协议，无须任何更改就可以在不同平台中运行，是深受开发人员喜爱的一种动态网站开发技术。在 JSP 网站开发中，通常有两种 JSP 开发技术模式：一种是 JSP 与 JavaBean 相结合的开发模式，另一种则是将 JSP、Servlet 和 JavaBean 相结合的开发模式。这两种开发模式分别称为模式一（JSP+JavaBean）和模式二（JSP+Servlet+JavaBean）。在 JSP 技术开发中，常用模式二进行开发，而模式一仅能满足于小型网站的开发。

1. 模式一：JSP+JavaBean 开发模式

在该模式中，JSP 接收响应、完成响应并返回相应的结果，其业务逻辑的数据处理由 JavaBean 完成，JSP 则负责数据的页面表现，从而实现页面和数据分离的目标。

在使用模式一进行开发时，常常需要在页面中嵌入大量的脚本语言或者 Java 代码段。大量的内嵌代码使页面程序变得很复杂，在面对复杂的数据处理逻辑时，情况会变

得非常糟糕。另外，网站前端界面设计人员要在内嵌大量代码的庞大页面中完成美工及页面设计也是非常困难的，项目的代码开发和维护也非常困难。因此，模式一只适合小型网站的开发。

2. 模式二：JSP+Servlet+JavaBean 开发模式

模式二结合了 JSP 和 Servlet 技术，充分利用了 JSP 和 Servlet 两种技术原有的优点。在该模式中，JSP 技术负责页面的表示，而 Servlet 则负责完成事务处理工作。模式二遵循了 MVC（model view controller，模型—视图—控制器）模式。可以通过单个或者多个 Servlet 控制器完成相应的请求。JSP 和 Servlet 通过 JavaBean 进行通信，JavaBean 充当模型的角色。Servlet 完成业务处理后，将结果设置到相应的 Bean 的属性中；JSP 则负责读取 Bean 属性并进行显示，JSP 页面中没有任何业务处理逻辑，只输出数据并允许用户操纵。

模式二将页面表示和业务处理逻辑分离，进行了更清晰的角色划分，使得设计开发人员可以充分地发挥其自身的特长，快速开发出出色的项目。在大型项目开发中，这些优势表现得尤为突出，因此大型项目开发中更多地采用模式二。

二、Servlet 生命周期

Servlet 通过框架扩展服务器的功能，提供 Web 的请求和响应服务。与 Java 类一样，Servlet 也有生命周期。当客户端向服务器发送请求时，服务器将客户的请求信息传递到 Servlet，Servlet 调用 init 方法进行初始化、调用 Service 方法处理客户请求。在启动第一次请求服务时自动装入 Servlet，装入后的 Servlet 继续运行，以等待客户发出的新请求。Servlet 整个生命周期是由服务器容器进行管理的。Servlet 生命周期主要包括加载、实例化、初始化、服务、返回结果、销毁等几个阶段，如图 4-1 所示。

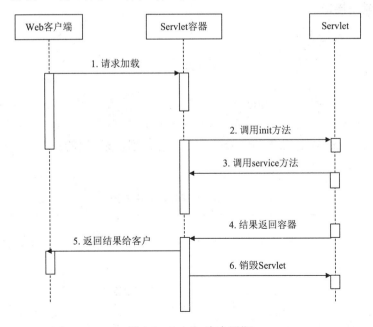

图 4-1 Servlet 生命周期

1）Servlet 加载：Servlet 的加载操作一般是动态执行的，当客户端请求服务器时进行加载；而有些服务器容器可以在服务器启动时装载 Servlet 并初始化特定的 Servlet。

2）Servlet 实例化：当客户端第一次请求 Servlet 时，就创建一个 Servlet 实例。

3）Servlet 初始化：通过 init 方法进行初始化。整个 Servlet 的生命周期仅执行一次 init 方法，无论后面有多少次 Servlet 的访问请求，init 方法都不会再重复执行。

4）Servlet 服务：Servlet 服务是 Servlet 的核心，负责响应客户的请求，用于处理业务逻辑。当服务器收到客户端的访问请求时，激活 Servlet 的 service 方法，并传递请求和响应对象给该方法，在 service 方法中处理客户请求，每个客户端请求都有它自己的 service 方法。service 方法一般会激活与 HTTP 请求方式相应的 do 方法，以处理客户请求，也可以调用程序员自己开发的方法进行处理。当用户的请求变多时，服务器通过激活 service 方法创建新的请求和响应进行参数传递，循环上述任务。

5）返回结果：service 方法根据请求对象的信息及请求完成相应的请求处理，并将处理结果返回给服务器容器，然后由服务器传递给客户端。

6）Servlet 销毁：当服务器端不需要 Servlet 或关闭用户服务器时，会调用 destroy 方法来释放 Servlet 占用的资源。该方法在整个生命周期中只执行一次。Servlet 在运行 service 方法时，需要将已经完成的线程终止或调用 destroy 方法。

在 Servlet 的生命周期中规定了在激活 service 方法之前，需调用 Servlet 的 init 方法完成初始化。同样地，在 Servlet 被销毁之前，也要先调用 destroy 方法进行资源释放。

实际应用中，服务器的 Servlet 容器有可能会根据需要在 Servlet 启动时就创建它的一个实例，或者在 Servlet 首次被调用时创建，然后在内存中保存该 Servlet 实例并完成所有客户的请求处理。Servlet 容器在任何时期都可以把该实例从内存中移走。

三、Servlet 常用接口

（一）Servlet 的实现接口

1. Servlet 接口

Servlet 接口的声明为 "public interfere Servlet"，该接口定义了 Servlet 的初始化方法、对请求的服务方法和销毁方法等。所有的 Servlet 都必须直接或间接实现该接口，通常通过继承 GenericServlet 或者 HttpServlet 来间接实现。该接口的几个常用方法如表 4-4 所示。

表 4-4　Servlet 接口的常用方法

方法	功能
void destroy()	由 Servlet 容器调用，负责释放 Servlet 占用的资源并销毁 Servlet。该方法在整个生命周期中只执行一次
ServletConfig getServletConfig()	返回包含该 Servlet 初始化启动参数的 ServletConfig 对象
String getServletInfo()	返回 Servlet 的信息
void init（ServletConfig config）	由 Servlet 容器调用，进行初始化 Servlet 实例

方法	功能
void service(ServletRequest req, ServletResponse res)	当客户请求到达时激活该方法，根据请求信息进行处理，访问其他资源得到所需信息，并通过响应对象将响应结果返回给服务器，再由服务器传递给客户端

2. GenericServlet 抽象类

GenericServlet 抽象类的声明为"public abstract class GenericServlet implements Servlet，ServletConfig，java.io.Serializable"。该抽象类定义了一个通用的、与协议无关的 Servlet，实现了 Servlet 接口和 ServletConfig 接口。GenericServlet 的 service 方法是抽象方法，使用该抽象类创建 Servlet 必须直接或间接实现该方法。该抽象类的主要方法如表 4-5 所示。

表 4-5　GenericServlet 抽象类的主要方法

方法	功能
void destroy()	由 Servlet 容器调用，负责释放 Servlet 占用的资源并销毁 Servlet
String getInitParameter(String name)	返回指定名称初始化参数的值，如果该参数不存在，则返回 null
Enumeration<String>getInitParameterNames()	返回该 Servlet 的初始化参数
ServletConfig getServletConfig()	返回包含 Servlet 配置信息的 ServletConfig 对象
ServletContext getServletContext()	返回该 Servlet 的上下文
String getServletInfo()	返回该 Servlet 的信息
String getServletName()	返回该 Servlet 实例的名称
void init()	可重载该方法初始化 Servlet 实例，而不需要调用 super.init(config)
void init(ServletConfig config)	由容器调用，初始化 Servlet 实例
void log(String msg)	将特定信息写入 Servlet 记录文件
void log(String message, java.lang.Throwable t)	将特定信息写入 Servlet 记录文件
abstract void service(ServletRequest req, ServletResponse res)	Servlet 容器调用该方法对用户请求进行响应

3. HttpServlet 类

开发 Servlet 通用的方法就是通过扩展 HttpServlet 类来进行，其声明为"public abstract class HttpServlet extends GenericServlet implements java.io.Serializable"。

该类是针对 HTTP 封装的 Servlet 类，通过 Servlet 接口提供 HTTP 功能。HTTP 的请求方式包括 DELETE、GET、OPTIONS、POST、PUT 和 TRACE 等，在 HttpServlet 类中，这些标准的 HTTP 请求会由 service 传递到相应的 doDelete、doGet、doOptions、doPost、doPut 和 doTrace 等服务方法来分别处理，因此没有必要再重载 service 方法。HttpServlet 的子类必须至少重载 HttpServlet 定义的方法中的一种,通常是以下几种方法。

1）doGet 方法：用于处理 HTTP 的 GET 请求。

2）doPost 方法：用于处理 HTTP 的 POST 请求。

3）doPut 方法：用于处理 HTTP 的 PUT 请求。

4）doDelete 方法：用于处理 HTTP 的 DELETE 请求。

5）init 方法：用于初始化操作。

6）destroy 方法：用于销毁 Servlet，释放所占用的资源。

7）getServletInfo 方法：用于获取 Servlet 自身的信息。

（二）Servlet 的配置接口

javax.servlet.ServletConfig 接口用于获取 Servlet 的配置信息，由 Servlet 容器使用并在 servlet 初始化时将配置信息传递给 Servlet。

ServletConfig 接口可以获取 Servlet 配置的名字、初始化参数和 Servlet 上下文信息。例如，使用"String initParam=getInitParameter（"encoding"）"可以得到以上 Servlet 配置中初始化参数 encoding 的值"utf-8"。

（三）Servlet 的上下文接口

ServletContext 接口定义了一组与 Servlet 容器通信的方法，用于配置与获取 Servlet 的上下文配置信息。ServletContext 对象表示一组 Servlet 共享的资源，包含在 ServletConfig 对象中。通常 Web 应用为同一个 Java 虚拟机上的所有 Servlet 提供一个 Servlet 上下文环境。

（四）Servlet 的请求与响应接口

Servlet 的请求与响应接口比较多。ServletRequest 与 ServletResponse 对应 Servlet 的请求与响应接口，ServletRequestWrapper 与 ServletResponseWrapper 是它们的实现；ServletInputStream 与 ServletOutputStream 对应 Servlet 的输入/输出流接口；常用的 HttpServletRequest 和 HttpServletResponse 则是 ServletRequest 与 ServletResponse 的子接口，应用于 HTTP 的请求与响应，对应的接口实现为 HttpServletRequestWrapper 和 HttpServletResponseWrapper。在开发中常用的请求与响应接口仍是 HttpServletRequest 和 HttpServletResponse，下面分别介绍这两个接口。

1. HttpServletRequest 接口

HttpServletRequest 中包含客户请求信息，这些请求信息中的参数也是客户端提交的表单数据，包含客户端的通信协议、主机名、IP 地址和浏览器等信息。HttpServletRequest 接口获取的数据流通常是由客户端使用 HTTP 中的 POST.GET 和 PUT 等方式提交的数据。

2. HttpServletResponse 接口

Servlet 通过 HttpServletResponse 接口响应客户端请求。该接口允许 Servlet 设置响应内容的长度和 MIME 类型，提供 ServletOutputStream 输出流，控制发送给用户的信息，并将动态生成响应。

（五）Servlet 的会话跟踪接口

Servlet 使用接口实现客户端和服务器的会话关联，该关联将在多处连接和请求中持续一段给定的时间。利用 Session 在多个请求页面中维持会话状态并识别用户。

（六）Servlet 的请求调度接口

在某些情况下，需要 Servlet 能够将当前的一个客户请求转发到另外一个 Servlet 中进行处理，使用 RequestDispatcher 接口可以实现该功能。RequestDispatcher 接口的主要方法如表 4-6 所示。

表 4-6　RequestDispatcher 接口的主要方法

方法	功能
void forward(ServletRequest request, ServletResponse response)	将 Servlet 中的请求转发到服务器上的另一资源，该资源可以是一个新的 Servlet，或者 JSP 程序，也可以是 HTML 文档
void include(ServletRequest request, ServletResponse response)	把服务器上的另一个资源包含到当前响应中来，同样，该资源可以是一个新的 Servlet，或者 JSP 程序，也可以是 HTML 文档

（七）Servlet 的过滤功能

使用过滤功能可以实现对请求进行统一编码，对请求进行认证，在很多 Web 应用中这些功能都是必需的。在 Servlet 中，该功能由 Filter 和 FilterChain 接口实现。单个 Filter 只需要完成少量的任务，通过与其他 Filter 协作可以实现复杂功能。

1. Filter 接口

Filter 是过滤器必须要实现的接口，用于对请求和响应进行过滤。过滤器由 init 方法初始化，用 doFilter 方法完成过滤器的业务处理，使用 destroy 方法释放占用资源。过滤器与 Servlet 一样，必须在 Web 应用部署描述文件（web.xml）中配置。

2. FilterChain 接口

通过该接口将过滤的任务转移到不同的过滤器。通过 void doFilter(ServletRequest request, ServletResponse response)方法调用下一个过滤器，如果没有下一个过滤器存在，则调用目标的资源。

3. FilterConfig 接口

FilterConfig 接口用于获取过滤器的配置信息并传递给过滤器。与 Servlet 一样，过滤器也需要进行配置。FilterConfig 接口中的 getFilterName 方法用于获取过滤器名字，getInitParameter 方法用于获取初始化参数，getServletContext 方法用于获取该过滤器所在的 Servlet 上下文对象，getInitParameterNames 方法用于获取过滤器配置中的所有初始化参数名称列表。

四、Serlvet 表单处理

表单主要负责在网页中采集数据，并将数据提交到服务器中进行处理，是用户向服务器提交信息、发送请求的途径。表单中指明了将处理表单数据所需的程序及数据提交到服务器的方法。Servlet 表单数据处理主要分为获取 HTTP 请求信息和对请求信息进行处理生成 HTTP 响应并返回给客户两部分，这两个操作往往在 doGet 或 doPost 方法（对应 HTTP 的 Get 或者 Post 操作）中完成。

（一）获取 HTTP 请求信息

客户 HTTP 请求头中的所有信息都封装在 HttpServletRequest 对象中，通常通过调用 HttpServletRequest 对象的相关方法获取这些请求信息。

1. 获取客户信息

1）getRequestURL()方法：获取 URL。

2）getQueryString()方法：获取 URL 中的查询字符串。

3）getRemoteAddrO 方法：获取请求客户端的 IP 地址。

4）getRemoteHost()方法：获取请求客户端的主机名。

5）getMethod()方法：获取客户的请求方式。

2. 获取客户端提交的数据

1）getParameterNames()方法：获取请求中所有参数的名字，存放在 Enumeration 对象中。

2）getParameter(String name)方法：获取指定名称参数值。

3）getParameterValues(String name)方法：返回包含指定名称参数的所有值的数组。

4）getParameterMap()方法：返回所有参数名和值的 Map 对象。

（二）生成 HTTP 请求响应并返回给客户

服务器通过 HTTP 响应客户端的信息分为状态行、响应消息头和消息正文三部分，通过 HttpServletResponse 对象生成并输出响应。

1. 生成响应信息

1）setStatus(int arg)方法：设置 HTTP 响应消息的状态码，并生成响应状态行。

2）sendError(int arg)或 sendError(int arg, String Errmsg)方法：发送错误信息并清除缓存。

3）addHeader(String argO, String argl)与 setHeader(String argO, String argl)方法：设定指定名称头信息。

4）setContentType(String arg)方法：设置 Servlet 输出内容的 MIME 类型。对于 HTTP，就是设置 Content-Type 响应头字段的值，如 "utext/html;charset=UTF-8"。

5）setCharacterEncoding(String arg)方法：设置输出内容的 MIME 声明中的字符集编

码。对于 HTTP，就是设置 Content-Type 头字段中的字符编码部分。

2. 输出响应信息

在输出响应信息时，应先设置响应输出的 MIME 类型及字符编码格式，常用 setContentType 方法对其进行设置。例如，"setContentType（"text/html;charset=utf-8"）" 表示将输出的 MIME 类型设置为 "text/html"，字符集设置为 "utf-8"。然后使用 response 对象的 getWriter()方法返回一个 PrintWriter 对象，再通过 PrintWriter 对象将响应信息输出到客户端。

（三）中文乱码问题

在 Web 应用中，如果客户提交的请求信息中包含中文字符，就有可能会因为字符编码不匹配而造成显示中文乱码。因此，在 Servlet 中，需要对通过 HttpServletRequest 对象获取的请求信息进行统一的字符编码转换。另外需要注意的是，服务器通过 HttpServletResponse 对象向客户端输出响应时，由于默认使用 ISO-8859-1 字符编码进行 Unicode 字符串到字节数组的转换，而 ISO-8859-1 字符集中没有中文字符，因此 Unicode 编码的中文字符将被转换成无效的字符编码输出到客户端，从而造成显示中文乱码。

通过以下方法可以解决中文乱码问题。

1. 设置请求与响应的字符编码保持一致，且支持中文字符

请求与响应中正文 MIME 类型及字符集操作方法如下。

1）HttpServletRequest.getContentType()方法：获取请求正文中的 MIME 类型。

2）HttpServletResponse.getContentType()方法：获取响应正文中的 MIME 类型。

3）HttpServletResponse.setContentType(String arg)方法：设置响应正文中的 MIME 类型，可包含字符编码的设置。

4）HttpServletRequest.getCharacterEncoding()方法：获取请求中的字符编码。

5）HttpServletRequest.setCharacterEncoding(String arg)方法：设置在请求中使用的字符编码。

6）HttpServletResponse.getCharacterEncoding()方法：获取在响应中使用的字符编码。

7）HttpServletResponse.setCharacterEncoding(String arg)方法：设置响应中的字符编码。

在获取请求信息之前，使用 HttpServletRequest 对象的 setCharacterEncoding（"字符集名"）方法设置在请求中使用的字符编码，并且在使用任何 PrintWriter 对象之前使用 HttpServletResponse 对象的 setContentType("text/hetml;charset=字符集名")方法设置响应正文中使用的字符编码，这两个字符集必须一致且支持中文，从而避免出现中文信息显示乱码的问题。

2. 使用 String 构造器进行字符集转换

该方法通过定义一个字符转换方法，利用 String 构造器，用支持中文的字符集对数据中已有的字符进行字符编码转换。

第四节　Struts 技术及应用

一、Struts 基础

（一）Struts 技术简介

Struts 技术起源于 Apache 的 Jakarta 项目，由克雷格·麦克拉那罕（Craig McClanahan）发布，是 Apache 软件基金会的顶级项目。Struts 通过采用 JavaServlet/JSP 技术，实现了基于 J2EE Web 应用的 MVC 设计模式的应用框架。经过多年的发展，Struts 1 已经成为一个高度成熟的框架。但是随着时间的流逝和技术的进步，Struts 1 的局限性也越来越多地暴露出来，制约了 Struts 1 的继续发展。Struts 1 的不足有以下几个方面：

1）Struts 1 支持的表现层技术比较单一。Struts 1 推出时，并没有 FreeMarker、VeIoCity 等技术，因此 Struts 1 并不支持后续的新技术，并不能与这些视图层的模板技术进行整合。

2）Struts 1 与 Servlet API 的耦合问题严重，使其应用难以进行测试。

3）Struts 1 代码严重依赖于 Struts 1 API，属于侵入性框架。

此外，后续出现了许多与 Struts 1 具有竞争性的视图层框架，如 JSF、Tapestry 和 Spring MVC 等。它们都应用了最新的设计理念，同时也从 Struts 1 中吸取了经验，克服了很多不足，同时也促进了 Struts 本身的发展和升级。

Struts 2 是在 Struts 1 的基础上发展而来的，但其与 Struts 1 体系结构有本质的不同，它是以 WebWork 为核心，整合了 Struts 1 的技术框架而发展起来的技术框架。

Struts 是基于经典的 MVC 模型的 Web 应用变体，基于 HTTP，负责系统的业务跳转控制，可以用来提高系统灵活性、复用性和可维护性。

（二）Struts 模型映射

Struts 采用的是 MVC 设计模式，实现了网页程序的组建和应用。在 Struts 中，按 MVC 设计模式，可以把 Struts 框架中的组件分为模型（model）、视图（view）和控制器（controller）三部分。模型是执行代码的部分，其作用是实现功能性的结构，能让其他程序调用；视图是界面展示，一个模型可以有几个视图端，MVC 可以动态地更改视图的界面；控制器用于交互用户和视图，用户和视图发生交互时，可以通过视图更新模型的状态。

1. 控制器层

Struts 中基本的控制器组件是 ActionServlet 类中的 Servlet 实例，Servlet 的调用主要通过配置文件进行定义，具体由 ActionMapping 类进行描述。Struts 应用中的 Action 都被定义在 struts.xml 文件中，在该文件中配置 Action 时，定义 name 和 class 属性，name 属性决定用户请求，而 class 属性决定 Action 的实现类。

2. 显示层

Struts 由 JSP 建立显示层，通过自定义库来简化用户界面的创建过程。Struts 2 框架改变了 Struts 1 只能使用 JSP 作为视图技术的现状。Struts 2 完成用户请求后返回代表逻辑视图的字符串，在 struts.xml 中配置 Action 时，指定 result 子元素，产生逻辑视图和物理视图的映射。此外，Struts 显示层包含一个便于创建用户界面的自定义标签库，对国际化和表达式语言进行支持。

3. 模型层

在 Struts 框架中，模型分为两部分：系统的内部状态和可以改变状态的事务逻辑（操作）。内部状态通常由一组 ActionForm JavaBean 表示，根据设计或应用程序复杂度的不同，这些 Bean 可以是自包含的并具有持续的状态，或只在需要时才从某个数据库获得数据。大型应用程序通常在方法内部封装事务逻辑（操作），这些方法可以被拥有状态信息的 Bean 调用。例如，购物车 Bean，它拥有用户购买商品的信息，可能还用 checkOut() 方法来检查用户的信用卡等信息。小型程序中，操作可能会被内嵌在 Action 类，它是 Struts 框架中控制器角色的一部分，适用于逻辑简单的情况。

二、Struts 2 的基本配置及简单应用

在进行 Struts 2 工程应用之前，首先要进行基本环境配置，从 http://struts.apache.org 下载 Struts 2 需要的所有 jar 包。

（一）建立 Web 项目

工程名为 Struts 2 Hello，在 lib 目录里放入下载的 Struts 2 需要的 jar 包。

给项目添加外部引用包（project-properties-Java BuildPath-Add External Jars），包括 commons-fileup-load-1.3.1.jar、commons-io-2.2.jar、commons-logging-api-1.1.3.jar、freemarker-2.3.19.jar、javassist-3.11.0.GA.jar.ognl-3.0.6.jar、Struts 2-core-2.3.16.3.jar 和 xwork-core-2.3.16.3.jar。

（二）编写 struts.xml 文件

在 MyEclipse 项目中的 src 根目录下建立一个 struts.xml 文件。可以打开下载的 Struts 2 安装包里的 apps 目录下的任意一个 jar 包，在其中的 WEB_INFR/src 目录下查找 struts.xml 文件，将该文件复制到项目的 src 根目录下，然后将其中的内容清空（只留下 <struts> 标签和头部标签即可）。

（三）在 web.xml 中配置 Struts 2

Struts 2 的入口点是一个过滤器（filter），Struts 2 要按过滤器的方式配置，和 struts.xml 配置过程类似，在 Struts 2 安装包里找到 web.xml 文件，将其中的 <filter> 和 <filter-mapping> 标签及其内容复制到项目中的 web.config 文件即可，随后进行配置。

（四）编写 Action 类

Struts 2.x 的动作类需要从 com.opensymphony.xwork2.ActionSupport 类继承。

动作类的一个特征就是要覆盖 execute 方法。execute 方法没有参数，返回一个 String，用于表述执行结果（逻辑名称）。

（五）配置 Action 类

在 Struts 2.x 中的配置文件一般为 struts.xml，放到 WEB-INF 的 classes 目录中。

其主要属性说明如下。

1）package-name：用于区别不同的 package，必须是唯一的、可用的变量名，其他包可以通过 package-name 实现继承关系。

2）package-namespace：用于减少重复代码（和 Struts 1 比较），是调用 Action 时输入路径的组成部分。

3）package-extends：用于继承其他 package，以使用其中的过滤器等。

4）action-name：用于在一个 package 里区别不同的 Action，必须是唯一的、可用的变量名，是调用 Action 时输入路径的组成部分。

5）action-class：Action 所在的路径（包名+类名）。

6）action-method：Action 调用的方法名。

在<struts>标签中可以有多个<package>，package 中的 extends 属性有个默认字段"struts-default"，表示都继承这个类。

<action>标签中的 name 属性表示动作名，class 表示动作类名。

<result>标签中的 name 实际上就是 execute 方法返回的字符串，根据返回字符串跳转到某个页面。

在<struts>中可以有多个<package>，在<package>中可以有多个<action>。

（六）编写 JSP 页面

在 Struts 2 中已经将 Struts 1.x 的多个标签库都统一了，在 Struts 2 中只有一个标签库/struts-tags，其包含所有的 Struts 2 标签。

第五节　Hibernate 技术及应用

一、Hibernate 概述

Hibernate 是开源的，对 JDBC（Java database connectivity，数据库连接）进行了轻量级的封装。Hibernate 是一个面向 Java 环境的 ORM（object relational mapping，对象关系映射）工具。ORM 是一种技术，用来把对象模型表示的对象映射到基于 SQL 的关系模型数据结构中。

目前有很多持久化层中间件：有些是商业性的，如 TbpLink；有些是非商业性的，如 JDO（Java data object）、Hibernate、Batiso 等。Java 开发人员可以方便地通过 Hibernate API

操纵数据库，用来把对象模型表示的对象映射到基于 SQL 的关系模型数据结构中。Hibernate 不仅管理 Java 类到数据库表的映射，还提供数据查询和获取数据的方法，可以大幅度减少开发时人工使用 SQL 和 JDBC 处理数据的时间。Hibernate 应用架构如图 4-2 所示。

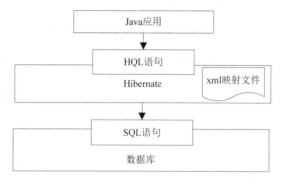

图 4-2　Hibernate 应用架构

对于应用程序来说，所有的底层 JDBC/JTA API 都被抽象了，Hibernate 会替开发者管理所有细节，其主要包含以下几个方面。

1）Persistence for POJOs：对 POJO（plain old Java object，简单传统 Java 对象）持久化。

2）Flexible and intuitive mapping：灵活与易学的映射。

3）Support for fine-grained object models：支持细粒度的对象模型。

4）Powerful，high performance queries：强大和高效的查询。

5）Dual-Layer Caching Architecture(HDLCA)：两层缓存架构。

6）Toolset for roundtrip development：（SQL、Java 代码、XML 映射文件中）进行相互转换的工具。

7）Support for detached persistent objects：支持分离的持久对象。

Hibernate 的核心接口一共有六个，分别为 Session、Transaction、Query、Criteria、SessionFactory 和 Configuration。这六个接口可以对对象进行存取和事务控制，具体如图 4-3 所示。

1）Session：单线程且生命期短暂的对象，代表应用程序和持久化层之间的一次对话。

2）Transaction：Transaction 是对实际事务实现的一个抽象，包括 JDBC、CORBA 事务等。TransactionFactory 是生产 Transaction 的工厂。

3）Query：可以让用户方便地对数据库及持久对象进行查询，其有两种表达方式，即 HQL（hibernate query language，hibernate 查询语言）语言或本地数据库的 SQL 语句。Query 经常被用来绑定查询参数、限制查询记录数量，并最终执行查询操作。

4）Criteria：与 Query 接口非常类似，允许创建并执行面向对象的标准化查询。值得注意的是，Query 接口也是轻量级的，它不能在 Session 之外使用。

5）SessionFactory：SessionFactory 接口负责初始化 Hibernate，通常一个项目只需要一个 SessionFactory。当需要操作多个数据库时，可以为每个数据库指定一个 SessionFactory。

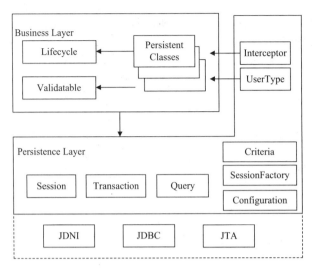

图 4-3 Hibernate 接口框架

6）Configuration：Configuration 的作用是对 Hibernate 进行配置，以及对它进行启动。在 Hibernate 的启动过程中，Configuration 类的实例首先定位映射文档的位置，读取这些配置，然后创建一个 SessionFactory 对象。

二、Hibernate 对象/关系数据库映射（单表）

（一）持久化层

数据持久化层（date persistent）包括三部分：整体数据库的 hibernate.cfg.xml 文件、每个表的持久化类（即 POJO/JavaBean 类）和每个表的 hbm.xml 文件。

1. hibernate.cfg.xml 文件

XML 配置文件：hibernate.cfg.xml。之前的版本中配置文件是 hibernate.properties 文件，如果 hibernate.cfg.xml 和 hibernate.properties 都存在系统中，hibernate.cfg.xml 配置文件起作用。

2. 持久化类

持久化类（persistent classes）是应用程序用来解决商业问题的类。持久化类不是短暂存在的，它的实例会被持久性保存在数据库中。如果这些类符合简单的规则，则 Hibernate 能够正常工作，这些规则就是 POJO 编程模型。

Hibernate 的关键功能之一：代理（proxies）技术。要求持久化类不是 final 类型的，具体方法是通过 public 的接口来实现的。

3. hbm.xml 文件

hbm.xml 文件是 O/R Mapping 的基础，映射文档简洁明了。映射语言采用 Java，可以通过类别来定义。

（1）doctype

所有的 XML 映射都需要定义 doctype。DTD 可以从 URL、hibernate-x.x.x/src/net/sf/hibernate 目录、hibernate、jar 文件中得到，Hibernate 优先搜索 DTD 文件。

（2）hibernate-mapping

hibernate-mapping 包括三个可选属性。

1）schema 属性：指明了该映射引用的表所在的 schema 名称。如若指定了就加上 schema 扩展名，如若没有就不加。

2）default-cascade 属性：指定了未明确注明 cascade 属性的 Java 属性和集合类采取什么样的默认级联风格。

3）auto-import 属性：默认使用非全限定名的类名。

① schema（可选）：数据库 schema 名称。

② default-cascade（可选，默认为 none）：默认的级联风格。

③ auto-import（可选，默认为 true）：指定在查询语言中是否是非全限定的类名。

④ package（可选）：指定包前缀，如果在映射文档中没有指定全限定名，就使用该包名。

（3）class

1）name：持久化类的 Java 全限定名。

2）table：对应的数据库表名。

3）discriminator-value（辨别值）（可选，默认和类名一样）：用于区分不同的子类的值。

4）mutable（可变）（可选，默认值为 true）：表明该类的实例可变（不可变）。

5）schema（可选）：覆盖在根元素中指定的 schema 名字。

6）proxy（可选）：指定一个接口，在延迟装载时使用。

7）dynamic-update（动态更新）（可选，默认值为 false）：指定 update 的 SQL 将会在运行时动态生成，只更新改变过的字段。

8）dynamic-insert（动态插入）（可选，默认值为 false）：指定 insert 的 SQL 将会在运行时动态生成，并且只包含非空值字段。

9）select-before-update（可选，默认值为 false）：核查对象是否被修改，决定下一步是否执行 SQL UPDATE 操作。

10）polymorphism（多形、多态）[可选，默认值为 implicit（隐式）]：利用多态界定是隐式还是显式。

11）where（可选）：利用指定 SQL where 增加其他条件。

12）persister（可选）：指定一个定制的 ClassPersister。

13）batch-size（可选，默认值为 1）：指定 batch size。

14）optimistic-IoCk（乐观锁定）（可选，默认是 version）：决定乐观锁定的策略。

15）lazy（延迟）（可选）：假若设置 lazy="true"，代表延迟加载，不加载对象的关联，只生成对象的代理。

若指明的持久化类实际上是一个接口，也可以被完美地接受，其后可以用<subclass>指定该接口的实际实现类名。可以持久化指定类的类名格式。

不可变类 mutable="false"不能由应用程序更新或删除，但允许 Hibernate 执行性能优化。

CGLIB（code generation library，代码生成库）是一个功能强大、高性能的代码生成包。它为没有实现接口的类提供代理，为 JDK 的动态代理提供了很好的补充。通常可以使用 Java 的动态代理创建代理，当要代理的类没有实现接口时或者为了实现更好的性能，CGLIB 是一个不错的选择。可选的 proxy 允许延迟加载类的持久实例。Hibernate 将首先返回 CGLIB 实现命名接口的代理。当实际调用代理的方法时，将加载真正的持久对象。

implicit 多态性意味着如果查询中给出了任何超类、类实现的接口或类的名称，则将返回该类的实例；如果查询以子类名称给出，则返回该子类的实例。explicit（显式）多态性意味着只有在查询中显式给出类的名称时，才会返回此类的实例；同时，仅当在该<class>的定义中显示为<subclass>或<joined-subclass>的子类时，才会有返回结果。在大多数情况下，默认值 polymorphism="implicit"是合适的。当有两个不同的类映射到同一个表时，显式多态性非常有用。

persister 属性允许用户自定义此类使用的持久性策略。用户可以通过两种方式实现，一种是实现 net.sf.hibernate.persister.EntityPersister 的子类，另一种是编写 net.sf.hibernate.persister.ClassPersister 接口的实现，实现存储过程调用、文件的序列化以及与 LDAP（lightweight directory access protocol，轻量级目录访问协议）数据库通信。

注意，dynamic-update 和 dynamic-insert 的设置不是继承给子类的，因此用户可能需要在元素<subclass>或<joined-subclass>中再次设置它们。这些设置是否可以提高效率取决于具体情况。

使用 select-before-update 通常会降低性能，但 select-before-update 在防止非必要触发 update 操作时很方便。

一旦进入 dynamic-update，可以选择以下几种策略。

1）version（不同的版本的查验）：查询并检验 version/timestamp 文字的段落。

2）all（所有的）：查验每一个段落的文字。

3）dirty（错误的查验）：仅仅查验进行斧正的文章的文字。

4）none（不动作）：不采取乐观锁定。

最好在 Hibernate 中 version/timestamp 文字组成的段落使用乐观锁定。对于整体的系统实现来说，这是最优解。

（4）id

类的映射一定要表明数据库对应表主键字段。大部分类有一个 JavaBeans 属性，每一个标识对应一个固定的实例包。<id>元素定义了该属性到数据库表主键字段的映射。

```
<id
name="propertyName"
type="typenamen"
column="column_name"
unsaved-value="any|none|null|id_value"
access="field|property|ClassName">
```

```
<generator class="generatorClass"/>
</id>
```

1）name（可选）：标识属性的名字。

2）type（可选）：标识 Hibernate 类型的名字。

3）column（可选，默认为属性字段的名称）：主键字段的名字。

4）unsaved-value（可选，默认为 null）：一个特定的标识属性值，用来标识该实例是刚刚创建的，尚未保存。这可以把这种实例和从以前的 Session 中装载过（可能又做过修改）但未再次持久化的实例区分开。

5）access（可选，默认为 property）：Hibernate 用来访问属性值的策略。

如果属性 name 不存在，则表示没有这个属性。

unsaved-value 属性很重要。如果类的身份属性未默认为 null，则应指定正确的默认值。另外，<composite-id>语句用于访问旧的多主键数据，这是不鼓励的。

4. 数据访问对象

PO（persistence object，持久化对象）完成持久化层的工作后，具体的实体类已经出现，如果要实现系统和数据库之间的通信，要使用 DAO（data access object，数据访问对象）。DAO 是 PO 的客户端，负责所有与数据操作有关的逻辑，如数据查询、增加、删除及更新等操作。

Hibernate 的对象状态有三种，分别为临时对象（transient object）、持久化对象（persistent object）和游离对象（detached object）。

1）临时对象：新生成的对象，Session 没有引用指向它，没有放入 Session 缓存中。它在数据库中没有相对应的数据。

2）持久化对象：放入 Session 缓存中，Session 有引用指向该对象。它在数据库中有相对应的数据，与数据库中的数据同步。

3）游离对象：已经被持久化，但不再处于 Session 缓存中，Session 已没有引用指向该对象。数据库中可能还有与其相对应的数据，但已不能与数据库中的数据同步。

对象状态转换：使用 new()方法实现临时对象的生成；save()、saveOrUpdate()方法实现持久化对象转换成临时对象；delete()方法实现持久化对象转换为临时对象，close()、evict()、clear()方法实现持久化对象转为游离对象；get()、load()、find()、iterator()方法实现从数据库中获得数据并加载持久化对象。

（二）Session 操作方法

1. Session 保存方法 save()

该方法将使临时对象添加到缓存，并转换为持久化对象，为该对象指定唯一的 ID 方法，执行过程中会调用 insert 语句和数据库通信，并将记录插入数据库表中。

不应将持久化对象或游离对象传递给应用程序中的 save()。对于持久化对象，该操作多余；对于游离对象，会导致表里有两条代表相同业务的记录，不符合业务逻辑。

2. Session 更新方法 update()

该方法通过把游离对象重新加入缓存并转换成持久化对象。

如果传入的参数是持久化对象，Session 会执行一个 update 语句；如果传入的参数是游离对象，游离对象重新加入缓存，变成持久化对象，然后 Session 再执行 update 语句。只有当 Session 清理缓存时，才会执行 SQL 的 update 语句。

如果在 Session 缓存中已经存在与该游离对象具有相同 OID（object identifier，对象标识符）的持久化对象，那么该游离对象不能加入缓存，Session 会抛出异常。此外，当 update()方法关联一个游离对象时，如果数据库中不存在相应的记录，也会抛出异常。

3. Session 删除方法 delete()

该方法将持久化对象转换为临时对象，用于从数据库中删除与对象对应的记录。只有当 Session 清理缓存时，才会执行 SQL 的 delete 语句。

4. Session 加载方法 load()和 get()

load()和 get()方法均可根据 OID 从数据库中获取数据并加载持久化对象。它们的区别是：当数据库中不存在与 OID 相应的记录时，load()抛出异常，而 get()返回 null。

对于一个数据库连接，不要创建一个以上的 Session 或 Transaction。此外，不要在两个并发的线程中访问同一个 Session，一个 Session 一般只对应一批需要一次性完成的单元操作。

三、Hibernate 实体关系映射（多表）

处理联表关系分为两步：首先，在 hbm.xml 配置文件中增加对关系的描述；其次，在 PO 持久化 JavaBean 中增加针对关系的 getter/setter 方法。

Hibernate 实体关系主要有一对一关系（one-to-one relationship）、一对多关系（one-to-many relationship）、多对一关系（many-to-one relationship）、多对多关系（many-to-many relationship）。

类之间的关系主要有关联（association）和继承（inheritance）。

关于表之间的关系，在关系数据库中只存在主外键（primary key&foreign key）参照关系，而且总是由 "many" 参照 "one"，因为只有这样才能消除数据冗余，所以关系数据库实际上只支持多对一或一对多单向关系。

（一）一对一关系

下面以 Customer/Address 为例进行一对一的关系介绍。

1）创建数据库 SAMPLEDB 及表 Customer 和 Address，具体代码如下：

```
drop database if exists SAMPLEDB;
create database SAMPLEDB;
use SAMPLEDB;
create table CUSTOMER(
```

```
ID bigint not null auto_increment,
NAME varchar(15),
primary key(ID)
);
create table ADDRESS(
ID bigint not null auto_increment,
STREET varchar(128),
CITY varchar(128),
PROVINCE varchar(128),
ZIPCODE varchar(6),
primary key(ID)
);
```

2）创建数据库表 Customer 映射文件 Customer.hbm.xml，具体代码如下：

```
<hibernate-mapping>
<class name="mypack、Customer"table="customer"lazy="false">
<id name="id"type="java.lang.Long">
<column name="ID"/>
<generator class="increment"/>
</id>
<property name="name"type="java.lang.String">
<column name="NAME"length="15"/>
</property>
<one-to-one name="address"class="mypack.Address"cascade="all"lazy=
"false"/></class>
</hibernate-mapping>
```

（二）一对多、多对一关系

1. 一对多关系

1）创建数据库 SAMPLEDB 及表 Customer 和 Orders，具体代码如下：
代码为 Customer 和 Order 之间的一对多关系样例。

```
drop database if exists SAMPLEDB;
create database SAMPLEDB;
use SAMPLEDB;
create table CUSTOMER(
ID bigint not null auto_increment,
NAME varchar(15),
primary key(ID)
);
create table ORDERS(
ID bigint not null auto_increment,
ORDER_NUMBER varchar(15),
CUSTOMER_ID bigint,
primary key(ID)
);
```

2）创建 Action 处理类 Customer 和 Orders，具体代码如下：

```
class Customer{
Set orders=new HashSet();
getXXX();
setXXX();
…
}
class Orders{
Customer customer;
getXXX();
setXXX();
…
}
```

2. 多对一关系

通过<many-to-one>元素，可以定义与另一个持久类的公共关联，而该关系模型是一个多对一关联（实际上是一个对象引用），具体代码如下：

```
<many-to-one
name="propertyName"
column="column_name"
class="ClassNamen"
cascade="all|none|save-update|delete"
outer-join="true|false|auto"
update="true|false"
insert="true|false"
property-ref="propertyNameFromAssoc iatedClass"
access="field|property|ClassName"
/>
```

1）name：属性名。

2）column（可选）：字段名。

3）class（可选）：关联的类的名字。

4）cascade（级联，可选）：指明哪些操作会从父对象级联到关联的对象。

5）outer-join（外连接，可选，默认为自动）：当设置 hibernate.use_outer_join 时，对该关联允许外连接抓取。

6）update、insert（可选，默认为 true）：指定对应字段是否包含在 update 或 insert 的 SQL 语句中。如果两者都是 false，则这是一个纯外生的关联，其值由映射到同一字段的其他属性、除法器（trigger）或其他程序获得。

7）property-ref（可选）：指定关联类的属性。此属性对应外键，如果未指定，将使用其他关联类的主键。

8）access（可选，默认为 property）：Hibernate 用来访问属性的策略。

cascade 属性允许下列值：all、save-update、delete 和 none。cascade 如设置为非 none 值，会将特定操作传播到关联（子）对象。

outer-join 参数允许下列三个不同值。

1）auto（默认）：如果被关联的对象没有代理（proxy），则使用外连接抓取关联（对象）。

2）true：一直使用外连接抓取关联。

3）false：永远不使用外连接抓取关联。

<one-to-many>标记指明了一个一对多的关联，其中 class（必须）为被关联类的名称。示例如下：

<one-to-many class="ClassName"/>

四、Hibernate 继承策略

Hibernate 框架继承支持三种策略，分别为：①整个类继承树映射一个表（根类一个表）；②每个具体的类映射一个表；③每个类映射一个表。

但在 Hibernate 框架中不支持子类映射，也不支持连接子类映射在同一个类中。

（一）整个类继承树映射一个表

在 XXX.hbm.xml 文件中只有一个 class 映射配置支持多态和多态查询，可以用父类的名字查询出所有子类的对象。但是，子类的非空字段很难处理，继承树中的每个子类都必须声明一个唯一的 discriminator-value。如果未指定，则使用类别 Java 类的全名。

假设有一个 Employee 是抽象类（abstract class），有 HourlyEmployee 和 SalariedEmployee 两个子类，两个子类使用时必须实现抽象类 Employee 的接口。

（二）每个具体的类映射一个表

每个具体的类在 XXX.hbm.xml 文件有一个 class 映射配置，不支持多态查询，不能用父类的名字查询出所有子类的对象，必须分别检索子类的对象，然后把它们合并到一个集合。

（三）每个类映射一个表

每个类映射一个表，在 XXX.hbm.xml 文件中只有一个 class 映射配置，用外键参照关系表示继承关系，支持多态查询，可以用父类的名字查询出所有子类的对象。

注意：每个类都有一个表，外键引用关系用于表示它们之间的继承关系。如果不需要支持多态查询和多态关联，则可以使用每个具体类对应一个表的映射方法；如果需要支持多态查询和多态关联，且子类包含的属性较少，则可以使用表映射方法对应的根类；如果需要支持多态查询和多态关联，并且子类包含多个属性，则可以使用每个类对应一个表的映射方法；如果继承关系包含接口，则可以将其视为抽象类型。

五、Hibernate 应用开发

Hibernate 的开发使用的是 MyEclipse 与 MySQL 数据库的集成环境。下面简要介绍使用集成开发工具 MyEclipse 开发 Hibernate 的步骤。

开发步骤共分五步，分别为创建 Hibernate 的配置文件、创建数据库表、创建持久化类、创建类和表的映射文件和编写 Hibernate API 访问数据库的代码。

（一）创建 Hibernate 的配置文件

创建 Hibernate 的配置文件 Hibernate.cfg.xml，具体如下：

```
<? xml version='1.0'encoding='UTF-8'? >
<! DOCTYPE hibernate-conf iguration PUBLIC
"-//Hibernate/Hibemate Configuration DTD 2.0//EN"
"http: //hibernate.sourceforge.net/hibernate-configuration-2.0.dtd">
<! --Generated by MyEclipse Hibernate Tools.-->
<hibernate-conf iguration>
<session-factory>
<! --mapping files-->
<property name="myeclipse.connection, prof ile">mysql</property>
<property name="connection.url">jdbc:mysql://IoCalhost:3306/
bookstoresql</property>
<property name="connection.username">root</property>
<property name="connection.password">123</property>
<property name="connection.driver_class">com.mysql.jdbc.Driver</property>
<property name="dialect">net.sf.hibernate.dialect.MySQLDialect</property>
</session_factory>
</hibernate-configuration>
```

（二）创建数据库表

创建数据库表 book，其 SQL 语句如下：

```
create table book(id bigint not null auto_increment,name varchar
(50)not null,price double,description varchar(200),primary key(id));
```

（三）创建持久化类

创建持久化类，对应于数据库表中的内容。

```
public class Book {
    private String bno;
    private String bname;
    private double price;
    private String description
}
```

（四）创建类和表的映射文件

创建类和表的映射文件***.hbm.xml，具体如下：

```
<!--name:类的全限定名  table:当前类对应的表名  schema:当前表所在的数据库名 -->
    <class name="com.qy.domain.Book" table="book" schema="qingyun">
        <!--id: 主键    name: 实体类中属性名    column:表中列名 -->
        <id name="bno" column="bno"/>
        <!--property 普通属性和列的对应 -->
        <property name="bname" column="bname"/>
        …………
    </class>
</hibernate-mapping>
```

（五）编写 Hibernate API 访问数据库的代码

创建测试类并调用 Hibernate API，具体如下：

```
public class TestMethond {
    public static void main(String[] args){
        Configuration cfg = new Configuration();
        cfg.configure("/hibernate.cfg.xml");
        SessionFactory factory = cfg.buildSessionFactory();
        Session session = factory.openSession();
        List<Course> list = session.createQuery("from Course").list();
        session.close();
        factory.close();
    }
}
```

第六节　Spring 技术及应用

一、Spring 概述

Spring Framework（简称 Spring）是用 J2EE（Java 2 platform enterprise edition）开发的轻量级开源框架。它源自罗德·约翰逊（Rod Johnson）出版的 *Expert One-On-One J2EE Development and Design* 中描述的一些概念和原型。它的创建是为了解决企业应用程序开发的复杂性。Spring 用基本的 JavaBean 做以前只有 EJB（enterprise JavaBean，企业级 JavaBean）才能做的事情。但是，使用 Spring 并不限于服务器端开发。更严格地说，它是一个轻量级容器（lightweight container），用于管理 Bean 的生命周期。Spring 不仅可以应用在 J2EE 中，还可以应用在桌面应用程序和小程序中，可以单独构建应用程序，也可以与 Struts、Webwork 和 Tapestry 等许多 Web 应用程序框架组合使用。Spring 开发不需要任何外部库。

Spring 框架是由七个定义良好的模块组成的分层体系结构。Spring 模块构建在核心容器之上，核心容器定义了创建、配置和管理 Bean 的方式，如图 4-4 所示。

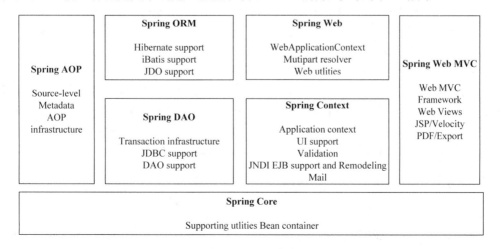

图 4-4　Spring 框架

Spring 框架的每个模块（或组件）都可以单独存在，还可以单个或多个联合实现，框架中每个模块的功能如下。

1）Spring Core（核心容器）：框架的基本功能由核心容器 Spring 提供，其最重要的组件是 BeanFactory，可以实现工厂模式。BeanFactory 采用 IoC（inversion of control，控制反转）模式将代码的适配和依靠性规范与真实的代码分离。

2）Spring Context：为 Spring 框架提供上下文信息的配置文件。Spring Context 包括企业服务，如 JNDI、EJB、Mail、Validation 等功能。

3）Spring AOP（aspect orient programming，面向切面编程）：通过配置管理功能，Spring AOP 模块直接将面向切面编程功能集成到 Spring 框架中。Spring AOP 模块为基于 Spring 的应用程序中的对象提供事务管理服务。使用 Spring AOP，用户可以将声明式事务管理集成到应用程序中，而无须依赖 EJB 组件。

4）Spring DAO：JDBC DAO 抽象层提供了一个有意义的异常层次结构，可用于管理不同数据库供应商抛出的异常和错误消息。异常层次结构简化了错误处理，并大大减少了需要编写的异常代码的数量。Spring DAO 面向 JDBC 的异常遵循通用 DAO 异常层次结构。

5）Spring ORM：Spring 框架插入了几个对象/关系映射框架，提供了 ORM 对象关系映射工具，包括 JDO、Hibernate 和 iBatis SQL Map，符合 Spring 的通用事务和 DAO 异常层次结构。

6）Spring Web 模块：用于整合 Web 框架，如 Struts1、Struts2、WebWork、JSF 等。一个 Web 程序可能会同时用到多个框架，如 Struts、Hibernate，多个框架同时工作会增加程序的复杂性，可以交给 Spring 来统一管理。

7）Spring Web MVC 模块：以请求为驱动，围绕 Servlet 设计，将请求发送给控制器，然后通过模型对象、分派器来展示请求结果视图。其中，核心类是 DispatcherServlet，它是一个 Servlet，顶层是实现的 Servlet 接口。

Spring 框架具有以下特点：①设计良好的分层结构；②IoC 作为核心，提倡面向接口编程；③良好的架构设计；④可以代替 EJB；⑤实现了 MVC；⑥能与其他框架更好地结合，如 Hibernate、Struts 等。

Spring 框架技术的核心思想是一个以 IoC 和 AOP 为核心的轻量级分层体系结构开发框架。

Spring 本身是一个轻量级容器，与 EJB 容器不同，它的组件是普通的 Java 类（plain old Java object，POJO），这使得单元测试更容易编写，而不依赖于容器。Spring 负责管理所有 JavaBean 组件，还支持声明性事务管理。用户需要做的就是编写 JavaBean 组件并"组装"它们。Spring 初始化和管理组件，并在配置文件中声明它们。这种方法的最大优点是组件非常松散耦合，用户不需要自己实现单例模式。

二、IoC 模式

IoC 是由容器控制的程序之间的关系，而不是传统实现中由程序代码直接控制的关系。IoC 将控制权从应用程序代码转移到外部容器。IoC 也称为依赖注入（dependence injection，DI），依赖项注入意味着组件之间的依赖项在运行时由容器确定，容器动态地将依赖项注入组件。

　　IoC 模式的核心思想在于创建对象的方式，传统的方式在程序中使用 new 关键字来创建一个对象，IoC 模式采用在配置文件（即 Spring 的配置文件）中以注入的方式创建对象，凡是类的属性，对应于该属性的 setter 方法，都可以采用注入的方式写入配置文件，实现如下：

```
<bean id="hibernateTemplate"
class="org.springframework.orm.hibernate3.HibernateTemplate">
    <property name="sessionFactory" ref="sessionFactory"></property>
</bean>
```

　　在 hibernateTemplate 类中，有 sessionFactory 属性，相应地存在 sessionFactory 的 setter 方法，便可以在 Spring 的 bean 配置中将 sessionFactory 注入 hibernateTemplate 中，property 代表 hibernateTemplate 存在 sessionFactory 属性，ref 代表该属性注入值的参考。

```
AInterface a=new AInterfaceImp();
```

　　AInterfaceImp 是接口的子类。IoC 模式可以延迟接口的实现，并根据需要实现接口。例如，接口就像一个空模型套筒，如有必要，需要将石膏注入模型套筒，使其成为模型实体。因此，我们将手动控制接口的实现称为"注入"。实际上，IoC 模式还解决了调用者和被调用者之间的关系。上面的接口实现语句表明被调用者 AInterfaceImp 当前正在被调用。因为被调用方的名称被写入调用方的代码中，这就导致了接口实现的"原罪"：调用方和被调用方是相互关联且密切相关的，这是用 UML（unified modeling language，统一建模语言）中的依赖关系表示的，但是考虑到 SoC，这种依赖是不可容忍的。为了实现调用者与被调用者的分离，必须对其进行裁剪。一个新的 IoC 模式——依赖项注入模式由此诞生。依赖项注入模式意味着依赖注入，即首先剥离依赖，然后在适当的时候注入它们。

　　系统开发过程中应用 Spring 技术的步骤：①创建接口；②创建接口的实现类；③编写 Spring 配置文件 ApplicationContext.xml；④实现测试类。

　　从上面的应用程序可以看出，组件不需要实现框架指定的接口，它可以很容易地从 Spring 中分离出来，而不需要做任何修改。此外，它减少了组件之间的依赖，大大提高了代码的可重用性。Spring 的依赖注入机制可以在运行时为组件配置所需的资源，而无须在编写组件代码时指定这些资源，从而在很大程度上减少组件之间的耦合。

三、Spring 核心容器

　　Spring 采用了动态灵活的方式来设计框架，其中使用了大量的反射技术。在 Spring 中要解决的问题之一就是如何管理 Bean。因为 IoC 要求不直接调用 Bean，而是以被动的方式进行协作，所以 Bean 管理是 Spring 的核心部分。

　　Spring 中最基本和最重要的两个包是 org.springframework.context 和 org.springframework.beans.factory，它们是 Spring 的 IoC 应用的基础。两个包中最重要的是 BeanFactory 和 ApplicationContext（接口）。Spring 通过 org.springframework.beans 包中 BeanWrapper 类封装动态调用的细节问题，采用 BeanFactory 管理各种 Bean，采用 ApplicationContext 框架类管理 Bean。ApplicationContext 在 BeanFactory 之上增加了其他

功能，如国际化等。

（一）BeanFactory

Spring IoC 设计的核心是 org.springframework.beans 包，其与 JavaBean 组件一起使用。一般情况下，用户不会直接使用该包，其作用是面向服务器底层用。BeanFactory 作为工厂设计模式的实现，可以管理对象之间的关系，也被允许通过名称创建和检索。BeanFactory 支持两个对象模型。

1）单态模型：可以在查询时对特定名称的对象的共享实例进行检索。Singleton 是默认的也是最常用的对象模型，一般是静态方法。

2）原型模型：其特点是每次检索都会创建单独的对象。原型模型适用于每个用户都需要自己的对象的情况。

Spring 具体功能的实现需要 BeanFactory 的支撑，具体业务逻辑的代码也需要在配置文件中指明，那些必须设置的依赖关系由 Spring 框架依据 JavaBean 属性和配置数据指出。

BeanFactory 是产生 Bean 的工厂，负责管理、配置、实例化 Bean。由于这些 Bean 是彼此合作的，因此它们之间会产生依赖。这些依赖由 BeanFactory 的配置数据来反映。

一个 BeanFactory 可以用接口 org.springframework.beans.factory.BeanFactory 表示，该接口有多个实现。最常使用的简单的 BeanFactory 实现是 org.springframework.beans.factory.xml.XmlBeanFactory（ApplicationContext 是 BeanFactory 的子类，所以通常使用的是 ApplicationContext 的 XML 形式）。

可以使用下面的代码实例化 BeanFactory。

```
<bean id="userDao" class="com.ycjy.daoImpl.UserDaoImpl" scope="singleton">
    <property name="hibernateTemplate">
        <ref bean="hibernateTemplate"/>
    </property>
</bean>
<bean id="userService" class="com.ycjy.serviceImpl.UserServiceImpl">
    <property name="userDao" ref="userDao"></property>
</bean>
<bean id="saveUserAction" class="com.ycjy.action.saveUserAction"
scope="prototype">
    <property name="userService" ref="userService"></property>
</bean>
```

（二）BeanWrapper

BeanWrapper 是 Bean 的包装器，主要是对任何一个 Bean 进行属性（包括内嵌属性）的设置和方法的调用。BeanWrapper 的默认实现类 BeanWrapperImpl 虽然代码烦琐，但其完成的工作非常集中。

Spring 封装了细节问题，使用统一的方式管理 Bean 的属性，这些操作都需要 Spring 通过使用 BeanWrapper 类来进行。在 Spring 中，Bean 是在核心库中进行管理的。Bean

的创建有两种方法：一是一个 Bean 创建多个实例，二是一个 Bean 只创建一个实例。如果从设计模式角度分析，前者可以采用 Prototype，后者可以采用 Singleton。

注意：反射机制可以根据类的名称非常灵活地创建一个对象，这也是 Spring 只使用 Prototype 和 Singleton 两个基本模式的原因。上述的 org.springframework.beans.factory 包中的 BeanFactory 定义了统一的 getBean 方法，这为用户维护统一的接口带来了便利，用户只需要关心 Bean 是由 Prototype 产生的还是由 Singleton 产生的即可。若 Bean 是由 Prototype 产生的，则是独立的 Bean；否则是共享的 Bean。

（三）ApplicationContext

Context 包相比 Beans 包，增加了 ApplicationContext，采用一种更加面向框架的方式增强了 BeanFactory 的功能。

Web 应用启动进程中，Bean 的实例化不用手工创建，可以依赖配置文件 ApplicationContext.xml 自动创建。

Context 包的基础是位于 org.springframework.context 包中的 ApplicationContext 接口。BeanFactory 的所有功能它都可以提供，这是由于它是由 BeanFactory 接口集成而来的。为了方便 Spring 框架在系统中工作，Context 包使用分层和有继承关系的上下文类，包括：①MessageSource，提供对 internationalization 消息的访问；②资源访问，如 URL 和文件；③事件传递，实现 ApplicationListener 接口；④载入多个（有继承关系）上下文类，使得每一个上下文类都专注于一个特定的层次，如应用的 Web 层。

综上所述，ApplicationContext 的配置文件中对 BeanFactory 的所有功能进行了设置。ApplicationContext 中 BeanFactory 的基本功能如下。

1. 使用 MessageSource

Spring 定义了访问国际化信息的 MessageSource 接口，并提供了几个易用的方法。

1）String getMessage(String code,Object[]args,String default,Locale loc)：这是从 MessageSource 获取信息的基本方法。如果对于指定的 Locale 没有找到信息，则使用默认的信息。传入的参数 args 被用来代替信息中的占位符，这是通过 Java 标准类库的 MessageFormat 实现的。

2）String getMessage(String code,Object[]args,Locale loc)：与上一个方法的实质一样，区别是没有默认值可以指定，如果信息找不到，就会抛出一个 NoSuchMessage Exception 异常。

3）String getMessage(MessageSourceResolvable resolvable,Locale locale)：上面两个方法使用的所有属性都封装到一个被称为 MessageSourceResolvable 的类中，可以通过该方法直接使用它。

有一个 Bean 的名称必须为 MessageSource，在加载 ApplicationContext 时，它会自动在 Context 中查找定义的 MessageSourceBean。若找到，上述所有方法的调用都会委托给该 MessageSource。若未找到，则会先找其父类，查找其父类中是否有该 Bean。若有，则该 Bean 作为 MessageSource；若没有，则会把一个空的 StaticMessageSource 实例化，使其能够被上述方法调用。

对于 MessageSource 的实现,在 Spring 中目前提供了两个,即 ResourceBundleMessageSource 和 StaticMessageSource。其中,StaticMessageSource 很少被使用,但是它向 Source 增加信息是以编程的方式来完成的。

2. 在 Spring 中使用资源

访问资源是许多应用程序都需要的,Spring 在访问资源时是以一种协议无关的方式进行的。在 Spring 中通过 ApplicationContext 接口中的 getResource(String)方法实现。

3. 事件传递

ApplicationEvent 类和 ApplicationListener 接口为 ApplicationContext 提供了事件处理功能。当 ApplicationEvent 发布到 ApplicationContext 时,如果上下文中部署了一个实现 ApplicationListener 接口的 Bean,那么该 Bean 就会接到通知。

四、Bean 应用

(一)Bean 定义及应用

一个 XmlBeanFactory 中的 Bean 定义包括以下两个方面的内容。

1)classname:通常是 Bean 真正的实现类。若使用静态工厂方法创建 Bean,那么实际上就是工厂类的 classname。

2)Bean 行为配置元素:Bean 在容器的行为方式是由它声明的(如 Prototype 或 Singleton、自动装配模式、依赖检查模式、初始化和析构方法)。

Bean 的配置包括 Bean 使用的连接数目、连接池的大小及和这个 Bean 相关的合作者,也被称为依赖。

1. Bean 类

class 属性通常是强制性的,其有两种用法。第一种用法较为普遍,即使用 Bean 的构造函数直接创建一个 Bean,class 属性指定了需要创建的 Bean 的类;第二种用法是使用某个类的静态工厂方法来创建 Bean,class 属性指定了实际包含静态工厂方法的那个类(对于该方法返回的 Bean 的类型不需考虑)。

(1)使用构造函数创建 Bean

使用构造函数创建 Bean 的好处是 Spring 可以使用并且兼容所有的普通类。也就是说,被创建的类只指定 Bean 的类即可,并不需要实现特定的接口或者用特定样式进行编写。然而,可能需要一个默认的(空的)构造函数,这是由 Bean 使用的 IoC 的类型决定的。

Spring 管理 JavaBean,主要通过 BeanFactory 使用 JavaBean 的 setter 和 getter 方法。Spring 除了可以管理大量的 JavaBean 之外,还可以管理非 Bean 样式的类,如一些没有提供 setter 和 getter 方法调用的连接池等。

(2)通过静态工厂方法创建 Bean

将对象创建的过程封装到静态方法中,需要创建对象时,只需要调用静态方法,而不需要关心创建对象的细节。要声明通过静态方法创建的 Bean，需要在 Bean 的 class 属性中指定拥有该工厂的方法的类，同时在 factory-method 属性中指定工厂方法的名称，最后使用<constructor-arg>元素为该方法传递方法参数。

2. Bean 的标志符

每个 Bean 都包含至少一个标志符，也称为 ID。BeanFactory 或 ApplicationContext 中管理的 Bean 的 ID 必须是唯一的。一般情况下，一个 Bean 只有一个 ID，但也有特殊情况。若一个 Bean 不止一个 ID，那么两个 ID 都可以作为标志符。ID 可以被 ID 和 name 所指定且两者至少有一个。ID 和 name 的区别就是 ID 的命名必须符合 xml ID 中的合法字符命名规则，而 name 则没有限制，不仅如此，还可以用 name 指定多个 ID（用逗号或者分号分隔）。

3. Bean 的属性

在定义 Bean 的属性时，可以直接指定 Bean 的属性。为了方便，也可以参考配置文件中其他 Bean 的定义内容。

4. Singleton 的使用

Bean 在定义时有两种部署模式可选择，分别为 Singleton 和 Non-singleton（后一种也称为 Prototype）。若采用 Singleton 模式对 Bean 进行定义，那么就只有一个共享的实例存在，对于所有的 Bean，只要符合该定义的 Bean 的 ID 都会返回这个唯一且特定的实例；如果 Bean 采用 Non-singleton（Prototype）模式部署，那么对该 Bean 的每次请求都会创建一个新的 Bean 实例，这对于如每个 user 需要一个独立的 user 对象这样的情况是非常理想的。

除非指定，否则 Bean 默认采用 Singleton 模式进行部署，只有在需要时才会将模式改为 Prototype。

（二）Bean 的依赖方式

Bean 标签中的子标签 ref 指定依赖的方式有两种，分别为使用 local 属性指定和使用 bean 属性指定。

1. 使用 local 属性指定

local 属性的值与被参考引用的 Bean 的 ID 必须保持一致，如果在同一个 XML 文件里没有匹配的元素，那么 XML 解析将产生一个错误。

2. 使用 bean 属性指定

被参考引用的 Bean 用 ref 元素中的 bean 属性指定，这在 Spring 中是常见的形式。bean 属性的值可以与被引用的 Bean 的 ID 相同，也可以与 name 相同。

3. Bean 的自动装配

Bean 的自动装配有五种模式，分别为 byName、byType、constructor、autodetect 和 no。

byName：根据属性名称自动装配。如果一个 Bean 的名称和其他 Bean 属性的名称是一样的，系统会自动装配它。

byType：按数据类型自动装配。如果一个 Bean 的数据类型与其他 Bean 属性的数据类型不同，系统会兼容并自动装配它。

constructor：在构造函数参数的 byType 方式。

autodetect：如果找到默认的构造函数，使用 byName；否则，使用 byType。

no：缺省情况下，自动配置通过 ref 属性手动设定，在项目中最常用。

4. Bean 依赖检查模式

在检查依赖关系上，Bean 是默认不检查的。若想进行检查，则可以使用 bean 元素的 dependency-check 属性来指定 Bean 的依赖检查，其共有四种模式，分别是 simple 模式、object 模式、all 模式和 none 模式。

第七节　SSM 框架整合开发

一、SSM 框架架构策略

（一）SSM 简介

Spring MVC 是一个优秀的 Web 框架，MyBatis 是一个 ORM 数据持久化框架，它们是两个独立的框架，之间没有直接联系。但由于 Spring 框架提供了 IoC 和 AOP 等相当实用的功能，若把 Spring MVC 和 MyBatis 的对象交给 Spring 容器进行解耦合管理，不仅能大大增强系统的灵活性，便于功能扩展，还能通过 Spring 提供的服务简化编码，减少开发工作量，提高开发效率。SSM 框架整合就是实现 Spring、Spring MVC 与 MyBais 的整合，而实现整合的主要工作就是把 Spring MVCx MyBatis 中的对象配置到 Spring 容器中，交给 Spring 管理。当然，对于 Spring MVC 框架来说，它本身就是 Spring 为展现层提供的 MVC 框架，所以在进行框架整合时，Spring MVC 与 Spring 可以无缝集成。

（二）超市订单管理系统——架构设计

采用 SSM 的框架设计超市订单管理系统的架构，具体的系统架构如图 4-5 所示。

1）数据存储：采用 MySQL 数据库进行数据存储。

2）ORM：采用 MyBatis 框架，实现数据的持久化操作。

3）Spring Core：基于 IoC 和 AOP 的处理方式，统一管理所有的 JavaBean。

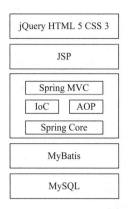

图 4-5 超市订单管理系统架构

4）Web 框架：采用 Spring MVC 进行 Web 请求的接收与处理。

5）前端框架：以 JSP 为页面载体，使用 jQuery 框架及 HTML 5、CSS 3 实现页面的展示和交互。

二、实施框架整合

（一）新建 Web Project 并导入相关 jar 文件

SSM 框架所需 jar 文件如图 4-6 所示。

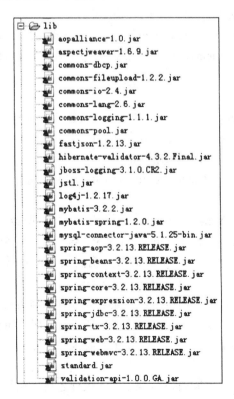

图 4-6 SSM 框架所需 jar 文件

（二）web.xml

在 webxml 中主要配置以下内容：Spring MVC 的核心控制器 DispatcherServlet 字符编码过滤器，Spring 配置文件所在的位置，ContextLoaderListener，等等。

（三）配置文件（/resources）

1. applicationContext-mybatis.xml

applicationContext-mybatis.xml 是 Spring 的配置文件，该文件包括数据源对象、事务管理，以及 MyBatis 的配置信息等。

（1）数据源相关配置

不管采用何种持久化技术，都需要定义数据源。Spring 中提供了四种不同形式的数据源配置方式：Spring 自带的数据源（driver manager data source），DBCP（database connection pool，数据库连接池）数据源，C3P0（C3P0 是一个开源的 JDBC 连接池，它实现了数据源和 JNDI 绑定）数据源，JNDI（Java naming and directory interface，Java 命名和目录接口）数据源。

（2）事务管理相关配置

配置事务管理器，采用 AOP 的方式进行事务处理，定义所有以 smbms 开头的业务方法都会进行事务处理。

（3）配置 MyBatis 的 MapperScannerConfigurer

在 Spring 容器中注册 MapperScannerConfigurer，并注入 Mapper 接口所在包名，Spring 会自动查找其下所有的 Mapper，并自动注册 Mapper 对应的 MapperFactoryBean 对象。

2. springmvc-servlet.xml

1）配置<mvc:annotation-driven/>标签（包括消息转换器配置）。

2）通过<mvc:resources/>标签配置静态文件访问。

3）配置支持文件上传：MultipartResolver。

4）配置多视图解析器：ContentNegotiatingViewResolver。

5）配置拦截器：Interceptor。

在接收前端请求时，DispatcherServlet 会将请求交给处理器映射（HandlerMapping），让其找出对应请求的 HandlerExecutionChain 对象。该对象是一个执行链，包含处理该请求的处理器（Handler），以及若干个对请求实施拦截的拦截器（Handlerinterceptor）。Handlerinterceptor 是一个接口，包含以下三个方法。

1）preHandle()：在请求到达 Handler 之前，先执行该前置处理方法。当该方法返回 false 时，请求直接返回；若返回 true，则请求继续往下传递（Handler ExecutionChain 中下一个节点）。由于 preHandle() 会在 Controller 之前执行，因此可以在该方法里进行编码、安全控制等逻辑处理。

2）postHandle()：在请求被 HandlerAdapter 执行之后，执行该后置处理方法。由于 postHandle() 在 Controller 处理方法生成视图之前执行，因此可以在该方法中修改

ModelAndView。

3）afterCompletion()：在响应已经被渲染之后执行该方法，可用于释放资源。

通过上述的分析，可以理解为 Spring MVC 的拦截器是基于 HandlerMapping 的，用户可以根据业务需求，基于不同的 HandlerMapping 来定义多个拦截器。

（四）DAO 数据访问接口（cn.smbms.dao）

所有数据操作全部在 dao 包下，并按照功能模块划分规则进行分包命名。

（五）系统服务接口（cn.smbms.service）

系统服务接口负责系统的业务逻辑处理，基于接口的编程方式，接口和接口实现类按照功能模块放置在同一包下，命名规则同 dao 包。

（六）系统工具类（cn.smbms.tools）

tools 包中放置系统所有的公共对象、资源及工具类，如分页、常量等。

（七）前端页面（/WEB-INF/jsp）和静态资源文件（/WebRoot/statics）

基于系统安全性考虑，前端的 JSP 页面全部放置在/WEB-INF/jsp 目录下。为了便于对 js、css、images 等静态资源文件进行统一管理，把它们统一放置在/WebRoot/statics目录下。

三、实现 SSM 框架应用

在 SSM 框架上实现超市订单管理系统的登录和注销功能，具体实现步骤如下。

1）搭建 SSM 框架，实现用户管理模块的功能。

① 根据条件查询用户列表，并分页显示列表页（查询条件：用户名称、用户角色）。

② 增加用户信息。

③ 修改用户信息，具体实现如下需求。

a. 选择指定用户，进入修改页面，若该用户有附件信息（个人证件照、工作证照片），则显示附件，附件不要求做修改操作。

b. 若该用户无附件信息，则提供上传附件功能。

④ 删除指定用户，若该用户有外键信息，则先删除外键，后删除数据库数据。

⑤ 查看指定用户明细。

⑥ 修改个人密码。

2）搭建 SSM 框架，实现供应商管理模块的功能。

① 根据条件查询供应商列表，并分页显示列表页（查询条件：供应商编码、供应商名称）。

② 增加供应商信息。

③ 修改供应商信息，具体实现如下需求。

a. 选择指定供应商，进入修改页面，若该供应商有附件信息（企业营业执照、组织机构代码证），则显示附件，附件不要求做修改操作。

b. 若该供应商无附件信息，则提供上传附件功能。

④ 删除指定供应商，具体实现如下需求。

a. 若该供应商有订单信息，则需先删除该供应商的订单信息，然后删除该供应商。

b. 若该供应商有附件信息，则需先删除附件，然后删除数据库数据。

⑤ 查看指定供应商明细。

第一节　系统体系结构分析和设计

一、系统体系背景

目前，在国家有关项目的支持下，出现了一系列实用的题库系统，如高等教育基础学科系列题库、国家医学水平考试题库等。随着题库系统的运行，它的一些弱点也相继被暴露出来。首先，题库系统由一些重要的单位封闭运行，这是因为题库本身是一个精密的测量工具，它的维护、管理、更新、数据统计与分析都要由专业人士来操作。基于这样的特点，题库的使用具有局限性，其只能在一些权威单位使用，无法得到普及。其次，由于其封闭运行，因此得到的数据较少，对题库的修订和校正缺乏数据基础，使其提高数据质量较为困难。

对于以上提出的题库系统运行存在的一些问题，随着 Internet 的广泛使用，已经有了新的解决方案。

传统的单机题库系统是分散运行的题库，一般无法保持一个专家群体，没有经过广泛的使用，也就无法得到足够的数据，没有数据做基础，单纯依靠任课教师自主地对题库进行修改，这样容易导致题库整体质量下降。相比于传统单机题库系统而言，基于 Web 的通用在线题库管理系统是通过浏览器访问架设在 Web 站点上的系统，这样可以通过网络统一管理和控制试题库，使题库系统可以被广泛使用。不仅如此，它还可以实现题库集中管理和共享，进而更好地更新题库，保证题库的质量。

二、题库系统体系结构设计

题库系统采用三层结构，在客户端用户通过浏览器完成数据下载与模拟操作，浏览器端的表示逻辑通过 JSP 网页完成，而系统内部复杂的业务逻辑主要通过 JavaBean 的组件（component）实现。JavaBean 组件在 WWW 服务器上运行，通过 JSP 返回客户端浏览器。表示逻辑与业务逻辑的分离，使网页内容非常简洁，题库系统的可维护性和可扩充性增强。在服务器端，题库系统使用 JDBC 中间件访问数据库，数据库服务器定义了本系统所需要的事务逻辑和数据逻辑，其体系结构如图 5-1 所示。

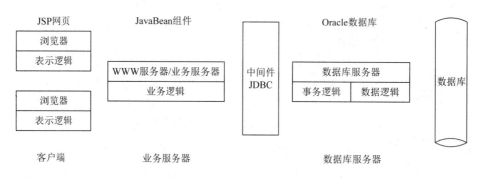

图 5-1　基于 Web 的题库管理系统体系结构

本系统使用 JSP 技术作为表现手段，服务器采用 Tomcat v5.5 作为 JSP 引擎，系统业务逻辑由 JavaBean 组件完成，使用 JDBC 3.0 驱动程序访问数据库，采用 Oracle 数据库作为数据库服务器。

第二节　系统分析和设计

一、系统设计原则

本系统设计遵循结构化设计原则。

（一）模块独立性、适度性原则

功能单一且与其他模块没有过多联系的模块实现了模块的独立性。模块独立性是模块化、抽象、信息隐藏和局部化概念的直接结果。内聚性和耦合性是度量模块独立性的两个指标，其中内聚性用于度量模块功能强度，耦合性用于度量模块间相互联系的程度。

当一个模块过大时，其可理解性会下降，这时会对过大的模块进行分解，但是在分解时也不应该降低模块的独立性。这是因为在分解大模块时，模块间的依赖性有可能会增加。

（二）系统结构的深度、宽度、扇出、扇入适当原则

深度：从顶层模块到底层模块的层数，标志一个系统的大小和复杂程度。
宽度：软件结构同一层次上的模块总数的最大值。宽度越大，则表示系统越复杂。
扇出：一个模块直接控制的其他模块的数量，一般扇出数控制在 7 以内，平均为 3 或 4。
扇入：是一个模块的直接上级模块的数量。
优质的系统结构通常是顶层模块扇出比较大，中间层模块扇出比较少，底层模块扇入比较大。

（三）模块的作用范围保持在该模块的控制范围内

模块的作用范围是指该模块中受判定影响的所有模块的集合。

在系统设计中，主要遵循以下两条原则：一是模块内部判定逻辑作用于模块子集；二是做出判定调用的模块与属于该判定作用范围的模块在系统的层次上不能相隔过远，否则容易增大模块的块间联系。

（四）系统模块的单入口、单出口原则

该原则是为了防止内容耦合。模块从顶部进入，从底部退出，这样的系统更容易理解和维护。例如，利用这一原则可以避免病态链接访问模块等。

（五）模块结果可预测原则

如果一个模块可以作为一个黑匣子，只要输入的数据相同，就会产生相同的输出，那么模块的功能是可以预测的。

二、系统工作流程分析

（一）管理员初始化系统

管理员需要对题库参数进行初始化设置：设置课程→添加知识点→添加题型→添加用户。此项包含用户权限分配。

（二）添加试题

具有添加试题权限的教师可以进行如下操作：选择添加题目所在课程→选择添加题目所在知识点→添加试题。

（三）审核试题

具有审核权限的教师可以进行如下操作：选择课程→选择知识点→查看或修改题目→通过审核。

（四）浏览题目

有此权限或更高权限的教师可以进行如下操作：选择课程→选择知识点→查看题目内容。

三、总体模块及题库关键问题分析

（一）总体模块分析

整个在线题库管理系统可以划分为系统登录模块、系统管理模块和题目管理模块三大模块，如图 5-2 所示。

系统登录模块主要完成整个系统登录，实现传递登录参数到系统管理模块或题目管理模块。

系统管理模块主要完成整个系统的初始化及对系统内部操作用户的管理。

题目管理模块主要完成系统对题目的管理。

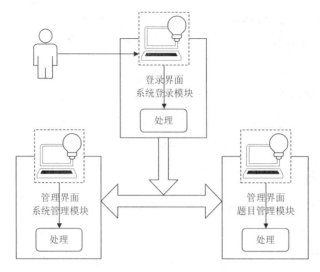

图 5-2   题库管理系统的结构

（二）题库关键问题分析

1. 题目分类

一般的题目分为客观题型和主观题型（分为填空、选择、判断、简答等）两大类。

在本系统中，按照数据量的大小，将题目分为两类：A 型题目和 B 型题目。其中，A 型题目是指小数据量的题目，主要涵盖填空、选择、判断、简答等；B 型题目是指一些大的综合题目，它们主要以文件的形式存在于题库中。

2. 题目存储

根据题目分类，题目有两种存储方式：一种是全部存入数据库服务器，另一种是将大数据类型以文件的形式存入业务服务器。

两种方法各有不同的优点，前一种方法有利于保证数据的完整性，后一种方法则有利于系统向不同数据库移植。

在本题库管理系统中，由于考虑到系统以后的通用性及系统可能向其他数据库移植，因此未将大数据类型的文件的数据以 LOB（large object，大对象）类型存入数据库服务器，而是将其以文件的形式存入业务服务器，另外在数据库服务器中只保存相应业务服务器的文件路径。因此，根据题目分类系统，将 A 型题目直接存入数据库服务器，B 型题目以文件的形式存入业务服务器。

3. 关于人机交互的问题

良好的人机界面设计也是系统的一部分，所以它也是系统设计的重要组成部分。此外，各种信息提示可以提高系统的易理解性和易操作性，所以应该在系统中添加人性化标识和一些数据提示。数据提示包括系统中一些有用的数据的统计，即对各科题目数量的统计，对每个知识点的详细题目数量也进行统计。为了保证题库中的题数，出题者可随时根据题目数量补充题目。另外，为了考察出题人员的工作量，系统中对出题人员的出题数量也应该进行统计，这样有利于管理员进行管理。

4. 系统访问权限管理

系统访问权限设置是设计一个多权限系统的关键。

根据要求，将本系统中用户权限划分为五个等级，即系统管理人员（1）、审核人员（2）、出题人员（3）、阅卷人员（4）、普通受限用户（5）。他们对系统功能的可操作关系如图 5-3 所示。

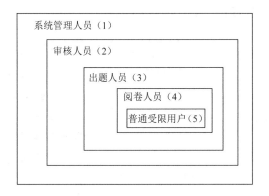

图 5-3 系统角色

5. 实际考试与系统模拟复杂度权衡

题库管理系统实际考试过程中会涉及一些表单信息的处理，如单选框、多选框、填空框等，因此在出题过程中应该考虑到这些问题。设计系统时既要保持系统设计简单，又要力争让出题人员操作简单，还要避免一些冲突。单选框、多选框、填空框的具体定义如下：[X] 定义为单选框，[DX] 定义为多选框，[T] 定义为填空框。在出题过程中，可以按出题按钮进行出题，也可以直接输入这些转义字符串，在题目显示时，再将这些转义字符串转为定义好的功能属性。

由于系统对某些字符串有特殊的定义，因此在出题时应该特别考虑可能出现的此类字符串。在出题时，如果不打算让这些特殊声明的字符串出现在问题中，那么应该注意它们的使用。若此类字符串在题目中出现，则应这样处理：以 [X] 为例，由于在系统运行时是经浏览器解释的，因此对于 [X]，写为 [X]。在该字符串中， 解释为一个空格，显示为 [X]，而不将其解释为一个表单的功能属性；其他几个转义字符串处理方法与此相同。

6. 数据一致性、完整性的保证

系统数据的一致性和完整性是保证数据库稳定性的关键。在本系统中，只有保证系统管理部分数据的完整性，才能对题目管理部分进行操作。

在该系统中，通过以下方式可以保证数据的一致性：

B 型题目数=题目总数（数据库存）-A 型题目数（数据库存）

待审题目数=题目总数（数据库存）-可用题目数（数据库存）
-回收站题目数（数据库存）

添加题目，需要更新数据库表的相应字段信息：科目题目总数加 1，题目类型加 1，知识点题目总数加 1。

删除题目，需要更新数据库表的相应字段信息：科目题目总数减 1，题目类型减 1，知识点题目总数减 1。

（三）系统页面设计

考虑到系统的实用性及面向教学的特点，通用在线题库管理系统的整个版面风格趋向于简洁优雅。

本系统中采用蓝色调，整个系统看起来清新、专业。另外，部分导航配有黄色作为提示，能够体现出轻松、希望和智慧的氛围。主题部分采用黑色字体，突出显示，整个系统的颜色更加和谐。系统采用的颜色分别用十六进制数值表示为 64A5DB、FCD94C、000000、FF6600。64A5DB 为整体色调，因此系统中的空白色块及滚动条均为此颜色。根据不同需要，系统的表格采用 IPX 实线或 IPX 虚线，表格边框颜色分别采用 000000 或与系统整体色调融合的 64A5DB。为了能清晰显示，系统中的字体采用通用的宋体。导航条颜色值选用 FCD94C，导航超链接字体颜色值采用 336699；为了体现翻转及强调各个超链接功能，翻转字体颜色值采用 000000。为了体现清晰性，其他部分超链接采用翻转字体，选用颜色值为 FF6600 的橙色。这是因为橙色是一种鲜亮的颜色，具有轻快、欢欣、热烈、温馨、时尚的效果，同时它与其他部分的颜色差异较大。

根据系统各栏目及功能分类，可确定系统的目录结构，这样方便查找，也方便整理及遍历。

commonality 目录存放所有公共信息，包括导航条信息、页面尾部版权信息等；course 目录存放科目管理及完成功能页面；css 目录存放系统整体样式表的定义；images 目录存放所有用到的图片；include 目录存放头文件，包括系统权限分配的部分；info 目录存放系统的提示信息，包括错误提示信息、成功提示信息及其他提示信息；js 目录存放系统中用到的 JS 文件；point 目录存放知识点管理的页面；sql 目录存放系统建立数据库表的所有 SQL 文件；subject 目录存放系统题目管理的所有信息及功能页面；upload 目录存放系统 A 型题目附件上传的文件；uploadfiles 目录存放通过系统上传的所有文件；user 目录存放系统用户管理的文件，WEB-INF 目录存放 WEB 应用的安全目录。所谓安全，就是客户端无法访问、只有服务端可以访问的目录。

在本系统的超链接设计中，将两种超链接方式相结合，首页与管理页面采用树形超链接结构，在管理及题目浏览页面之间采用星形超链接结构。这种设计旨在希望浏览者及管理者可以随意到达需要操作的页面，并且可以知道自己在整个系统中的位置。

第三节　数据库设计

一、系统登录模块

系统登录模块应该完成用户登录及用户权限验证，并保存登录信息及权限信息。它主要有一个功能处理页面，要具有检索数据库的功能实现，并且可以根据不同的身份跳转到不同的页面。系统登录模块主要涉及数据库表 tblSYS_USER，其设计如表 5-1 所示。

表 5-1　数据库表 tblSYS_USER

序号	名称	编码	类型	宽度	精度	备注
1	编码	ID	C	6	0	编号
2	用户名	UserName	C	15	0	—
3	密码	UserPWD	C	15	0	—
4	权限	UserPower	N	1	0	（1）系统管理员； （2）审核人员； （3）出题人员； （4）阅卷人员； （5）普通受限用户（默认）
5	出题数	SubjectNum	N	10	—	默认值 0
6	标志	DelSign	C	1	—	N：正常（默认）； Y：删除
7	登录时间	LastTime	C	20	—	0-0000-00-00

二、系统管理模块

系统管理模块包括用户管理、科目管理、知识点管理、题型管理。用户管理包含出题人员、审核人员、阅卷人员、普通受限用户的账号分配、停用、删除、密码设置等功能。科目管理包含课程的添加、删除、修改，以及对该课程的知识点数量、题目数量等信息进行统计等功能。知识点管理包含各课程知识点的添加、修改、删除，以及对各知识点包含的 A 型题目的统计信息等功能。题型管理包含题目类型的添加、删除、修改。题型管理大多用于 A 型题目，包括一般的题目类型，如选择、判断、简答等。

三、题目管理模块

题目管理模块包含题目添加、审核、删除、修改等功能。题目添加又分为 A 型题目添加和 B 型题目添加。A 型题目的添加按照不同类型题目划分为对应几个不同的常用的出题模板，不同的题目按照不同的出题模板添加题目，然后提交处理页面进行处理；B 型题目的添加根据 jspsmartupload 组件上传的文件实现。

第四节　Java Web 的数据库操作

一、MySQL 简介

（一）MySQL 的特点

数据库（database）是计算机应用系统中的一种专门管理数据资源的系统。数据是所有计算机系统所要处理的对象，具有多种形式，如字符、数字、符号、图形、图像和声音等。一个众所周知的处理方法是制作文件，即将处理过程编译成一个程序文件，根据程序的要求生成一个数据文件，然后使用程序来调用，数据文件与程序文件保持一定的关系。随着计算机应用的发展，这种文件管理方法也暴露出其不足之处。例如，它使数据的灵活性降低，不方便移植；在不同的文件中存储大量重复的信息，浪费存储空间，不方便更新。数据库系统（database system）可以解决上述问题。数据库系统不是从一个特定的应用程序开始，而是基于对数据本身的管理。它将所有的数据保存在数据库中，并进行科学的组织，利用数据库管理系统（database management system，DBMS）作为中介与各种应用程序进行通信。客户端通过调用数据访问接口将数据显示到系统界面上，可以方便地使用数据库中的数据。

简单地说，数据库是由计算机组织的一组数据，并存储在一个或多个文件中，管理该数据库的软件称为数据库管理系统。一般来说，一个数据库系统可以分为两部分：数据库和数据库管理系统。主流软件开发中的应用数据库有 IBM 的 DB2、Oracle、Informix、Sybase、SQL Server、PostgreSQL、MySQL、Access、FoxPro、Teradata 等。

1. MySQL 的应用

MySQL 的主要目标是快速、健壮和易用。MySQL 的诞生源于企业级的数据库软件开发、使用、维护相对比较困难，而且很多企业软件是收费的。MySQL 和其他企业级关系数据库对事务性的操作支持较好，主要提供如下功能：①减少记录存档的时间；②缩短记录检索时间；③灵活的搜索序列；④灵活的输出格式；⑤多个用户同时访问记录。

2. MySQL 和 Web 应用

如今，静态网站已经不能满足用户的需求，目前的网站大多是动态的。所谓动态网站，就是基于数据库开发的系统，最重要的就是数据管理，实现对数据库的增加、删除、修改、查找操作。目前主流的动态网站都是基于模板技术和数据库结合的方式，模板技术用于展现网页的具体结构，并通过调用数据库接口实现从数据库中读取数据，如 CMS（content management system，内容管理系统），系统的布局已经预设好，只需要在页面中嵌入读取数据的代码就可以实现动态更新内容的效果。

在 Web 项目开发中，两类操作比较频繁：一类是读数据，通常将网站的内容存储在 MySQL 数据库中，然后使用 JSP 通过 SQL 查询获取这些内容并以 HTML 格式输出到浏览器中显示；另一类是写数据，即存储，将用户在表单中输出的数据，通过在 JSP

程序中执行 SQL 插入语句，将数据保存在 MySQL 数据库中；也可以在 JSP 脚本中接受用户在网页上的其他相关操作，再通过 SQL 查询对数据库中存储的网站内容进行管理。

开发人员可以在同一个 MySQL 数据库服务器上创建多个数据库。如果把各个数据库看作一个"仓库"，那么网站的内容数据就存储在该仓库中，对数据库中的数据进行访问和维护等都是通过数据库管理系统软件进行的。同一个数据库管理软件可以为不同的网站分别建立数据库，但为了使网站中的数据便于维护、备份及移植，最好一个网站创建一个数据库（在大数据量时则采用分库分表）。

众所周知，MySQL 数据库管理系统是一个 C/S 体系结构的管理软件，因此必须同时使用数据库服务器和客户机两个程序才能使用 MySQL。服务器程序的目的是监听客户机的请求，并根据这些请求访问数据库，以便向客户机响应它们请求的结果；而客户机程序则必须要利用网络链接数据库的服务器，并向服务器提交相关数据的请求。因为 MySQL 支持多线程，所以其支持多用户操作并提供了可编程的外部接口（如 JSP 的 MySQL 处理函数）。JSP 脚本程序是作为 MySQL 服务器的客户机程序，通过 JSP 中的 MySQL 扩展功能，来获取、插入、更新和删除存储在 MySQL 服务器中的数据等操作。

3. SQL

SQL（structured query language，结构化查询语言）是数据库的标准查询语言，可以通过 DBMS 对数据库进行定义数据、操纵数据、查询数据、数据控制等。MySQL 支持 SQL 语言作为自己的数据库语言，SQL 语言是一种标准化语言，专门对数据库中的数据进行查询、修改等操作，以及对数据库进行管理和维护。

SQL 也是一种高级的非过程性编程语言，它不要求用户指定如何存储数据，也不要求用户确切知道如何存储数据。因此，具有完全不同的底层结构的不同数据库系统可以使用相同的 SQL 语言作为数据输入和管理的接口。它的操作对象是一个集合（一般称该集合为记录集合），因此 SQL 语句可以接受集合作为输入，也可以输出一个返回集合。这种集合的特性使得一条 SQL 语句的输出可以作为另一条 SQL 语句的输入，所以 SQL 语句可以嵌套使用，这使它具有很好的灵活性和便捷性。如果某功能在其他语言中需要一大段程序才能实现，那么在 SQL 语言中仅需要一条语句就可以达到目的，非常便捷和灵活，这也意味着用 SQL 语言也可以写出非常复杂的语句。

综上所述，SQL 语言的结构简洁且功能强大，最关键的是简单易学。因此 SQL 语言在被 IBM 公司推出后，很快就得到了广泛的应用。如今，无论是 Oracle、Informix、SQL Server 等大型的数据库管理系统，还是一些在 PC 上经常使用的数据库开发系统，如 Visual Foxpro.PowerBuilder 等，都支持 SQL 语言作为查询语言。SQL 语言大致包含以下几部分。

1）DDL（data definition language，数据定义语言）：用于对数据对象进行定义和管理，包括数据库和数据库中的每个数据表等。例如，CREATE、DROP、ALTER 等语句。

2）DML（data manipulation language，数据操作语言）：用于操作数据库中包含的数据，可以简单地理解为对数据的增加、删除、修改。例如，INSERT、UPDATE、DELETE 语句。

3）DQL（data query language，数据查询语言）：用于查询数据库中的数据，能够进行的查询方式有很多种，如单表查询、嵌套查询、连接查询，以及集合查询等各种复杂的查询，根据查询命令所返回的数据将会在客户机中显示。例如，SELECT 语句。

4）DCL（data control language，数据控制语言）：用来管理数据库，包含管理数据库权限等操作。例如，GRANT、REVOKE、COMMIT、ROLLBACK 等语句。

（二）MySQL 的常见操作

本节以一家简易网上书店的数据库管理为例，介绍数据库的设计，包括如何建立客户端与数据库服务器的连接、创建数据库和数据表，并对数据表中的记录进行简单的添加、删除、修改和查询操作。MySQL 是一个客户机/服务器架构。要连接到服务器，需要使用 MySQL 客户端程序。但是，在使用客户机通过网络连接到服务器之前，应确保数据库服务器已成功启动，以便可以侦听客户机的连接请求。本节主要针对初学者，因此没有过多地解释一些操作，目的是让读者快速了解 MySQL 的一系列进程。如果需要掌握关键内容，可以阅读相关书籍。

1. MySQL 数据库的连接与关闭

MySQL 客户机的作用是将 SQL 查询传递给服务器，并显示服务器的响应结果。MySQL 的客户机和服务器可以运行在同一台机器上，也可以在两台不同的机器上分别运行。当需要连接到 MySQL 服务器时，身份信息由连接到该服务器的主机和指定的用户名决定。因此，MySQL 需要验证用户名和密码，只有客户端所在的主机才有权限连接 MySQL 服务器。启动操作系统命令行后，可以执行如下命令，连接 MySQL 服务器：

```
Mysql-h 服务器主机地址-u 用户名-p 用户密码
```

各参数意义如下。

-h：指定要连接到的数据库位置，可以是 IP 地址或服务器域名。

-u：指定连接数据库服务器的用户名，如 root 用户拥有所有权限。

-p：连接数据库服务器的密码，但-p 和后面的参数之间不允许有空格。

2. 创建新用户并授权

为 MySQL 添加新用户的方法有以下两种：

1）使用 GRANT 语句或直接操作 MySQL 授权表。

2）使用 GRANT 语句。这种方法比第一种方法更好，因为该方法更简明且很少出错。GRANT 语句的格式如下：

```
grant 权限 on 数据库.数据表 to 用户名@登录主机 identified by"密码"
```

例如，添加一个新用户，名为 zhangsan，密码为字符串"1234567890"。如果这个用户需要操作数据库，就要赋予这个用户增加、删除、修改、查找数据库的权限。首先应该让 root 用户登录，然后输入如下命令：

```
GRANT SELECT,INSERT,UPDATE,DELETE ON*.*TO zhangsan@"%"IDENTIFIED
BY"1234567890"
```

这个新增加的用户是十分危险的，如果黑客知道用户 zhangsan 的密码，就可以在任何一台计算机上利用该用户角色登录 MySQL 数据库，并可以随意操作数据，其解决办法是在添加新用户时，只授权在特定的计算机上登录。例如，将上例改为在允许的 localhost 上登录，并可以对数据库 mydb 执行增加、删除、修改、查找等操作，这样黑客即使知道用户 zhangsan 的密码，也无法从其他机器上直接访问 mydb 数据库，而只能通过 MYSQL 主机上的 Web 页访问。访问命令如下：

```
GRANT SELECT,INSERT,UPDATE,DELETE ON mydb.*TO zhangsan@localhost
IDENTIFIDE BY"1234567890"
```

3. 创建数据库

成功连接到 MySQL 服务器后，即可使用 DDL 定义和管理数据对象，包括数据库、表、索引和视图。在创建表之前，首先应该创建一个数据库。基本的数据库创建语句相对简单。例如，要为一个在线书店创建一个名为 bookstore 的数据库，在 MySQL 控制台输入创建数据库的基本语法格式：

```
CREATE DATBASE[IF NOT EXISTS]bookstore;#创建一个名为bookstore的数据库
```

该操作用于创建数据库。如果想要使用 CREATE DATABASE 语句，就需要获得数据库的 CREATE 权限。在定义数据库名、数据表及字段或索引时，应该考虑语义性，即使用能够表达明显语义的英文拼写。更为关键的是，要避免与之前定义过的名称冲突。在一些区分大小写的操作系统中，如 Linux，命名时也必须要考虑大小写问题。如果存在数据库，并且没有指定 IF NOT EXISTS，则会出现错误。如果需要删除一个指定的数据库，可以在 MySQL 控制台中使用如下语句：

```
DROP DATABASE[IF EXISTS]bookstore;#删除一个名为bookstore的数据库
```

该操作将删除指定数据库中的所有内容，包括表、索引和数据库中的其他信息，且不可恢复，因此应谨慎使用该语句。如果要使用 DROP DATABASE，还需要获取 DROP 权限。如果数据库不存在，则使用 IF EXISTS 来防止错误。如果需要检查数据库是否设置成功，可以使用 MySQL 控制台 "mysql>" 在提示符处输入以下命令：

```
mysql>SHOW DATABASES;#显示所有已建立的数据库名称
```

如果数据库已经创建，就可以使用命令 USE 打开该数据库，并把该数据库作为默认（当前）数据库使用，用于接下来的数据操作语句。该数据库保持为默认数据库，直到语段的结尾，或者直到使用下一个 USE 语句选择其他数据库语句，如下所示：

```
mysql>USE bookstrore;#打开bookstrore数据库,作为当前数据库使用
```

4. 数据表

数据表（table）是数据库中的基本对象，是以记录（行）和字段（列）组成的二维结构（矩阵），用于存储数据。数据表由两部分组成，分别是结构和表内容。在建立数据表时，需要先建立表结构，然后才能输入数据。数据表的结构设计主要包括数据的字段名字、数据的字段类型和数据的字段属性等设置。在关系数据库中，除了指定字段名、字段类型和字符属性外，在创建表时还需要约束、索引、主键和外键属性来确保数据的完整性和一致性。

通常，同一个数据库可以有多个数据表。例如，一个简单的网上书店中包括用户表、分类表、图书信息及订单表等。但表名必须是唯一的，用于唯一标识这个数据表。表中的每条记录都描述了一个相关的集合，而每个字段都必须是唯一的，具有一定的数据类

型和取值范围，是表中数据集合的最小单位。

为了能够方便管理和使用这些数据，需要把这些数据进行分类，形成各种数据值的类型，有表中数据列的类型，有数据表的类型。理解 MySQL 的这些数据类型，可使用户更好地使用 MySQL 数据库。

5. 数据值和列类型

MySQL 中的数据可分为数值型、字符型、日期型和空值等，与一般的编程语言分类差不多。另外，MySQL 数据库中的表是由一个或多个数据列组成的二维表。每个列都有自己特定的类型，该类型决定了 MySQL 如何查看该列。可以把整数值存储在字符列中，MySQL 会把数值类型当作字符串类型处理。MySQL 中的列类型主要有三种：数值类、字符串类和日期/时间类。

（1）数值类的数据列类型

MySQL 中的数值类型分为两类：一类是整型，另一类是浮点型。

整型分为五种：TINYINT、SMALLINT、MED1UMINT、INT 和 BIGINT。

浮点型分为三种： FLOAT、DOUBLE 和 DECIMAL。

对于浮点数，MySQL 支持科学记数法，整型可以是十进制，也可以是十六进制数。浮点型和整型的区别在于取值范围不同，存储空间也不同。INT(5)表示指定 5 个字符的显示宽度。如果显示宽度没有指定，MySQL 将为它指定一个默认值。例如，INT(3)占用 4 字节的存储空间。

为了节省存储空间，提高处理效率，应根据应用数据的取值范围来选择一个适合的数据列类型，如果把一个超出数据列取值范围的数存入该列，MySQL 就会截短该值，下面举例说明：

对于整数数据列类型，将数据 99 999 存入数据表中的 SMALLINT(3)数据列中，因为 SMALLINT(3)的取值范围是-32 768～32 767，数据被截短成 32 767 进行存储。显示宽度为 3，这只对显示影响，而不会干扰数值的存储。

对于浮点数据列类型，存入的数值会根据列定义的小数位四舍五入。例如，把 1.234 存入 FLOAT(6.1)数据列中，结果是 1.2。DECIMAL 与 FLOAT 和 DOUBLE 的区别是：DECIMAL 类型的值是以字符串的形式被存储起来的，并且它的小数位数是固定的。优点是不需要进行四舍五入的误差计算（FLOAT 和 DOUBLE 类型数据列需要进行四舍五入），适合用于财务计算；缺点是由于它存储格式的不同，CPU 不能对它进行直接操作，因此影响运算效率。

（2）字符串类的数据列类型

字符串是基本的类型之一，字符串类型存储二进制数据（如图像和声音等），也可以用存储 gzip 压缩的数据。MySQL 支持以单引号或双引号包围的字符序列，如"MySQL"、'JSPL'，同 JSP 程序一样，MySQL 能识别字符串的转义序列，转义序列用反斜杠（\）表示。

对于不固定长度的字符串类型，其长度由实际存放在列中的内容的长度决定，使用 L 表示在表中的长度，L 所需要的额外字节数就是存放该值所需要的字节数。例如，一个可变字符串长度大小为 6，那么实际长度为 6 字节加上数字 6 存放的长度。CHAR 类型和 VARCHAR 类型长度范围相同，都是 0～255。区别在于 MySQL 处理该指示器的方式：CHAR 类型将值定义为准确大小（用空格填补比较短的值），而 VARCHAR 类型把值视为最大并且只使用了存储字符串实际上需要的字节数（增加一个额外的字节记录长度）。较短的值被插入 VARCHAR 类型的字段时，不用空格填写（而较长的值仍然被截短）。

通常数据表包括固定长度表（定长表）和可变长度表（变长表）两种。如果表中的字符串字段包含任何类型，如 VARCHAR 和 TEXT，则存储空间根据字符串的实际长度来设定，是可变长字段的数据表，也称变长表；否则，是定长表。在设计表结构时，要综合考虑各方面因素，力求实现最优的数据存储系统。

定长表、变长表各自的优缺点如下。

1）对于变长表，由于记录大小不同，在其上进行删除和更改操作将会使表中的碎片更多，需要定期运行 OPTIMIZE TABLE 以保持性能，而定长表就没有这个问题。

2）如果表中有可变长的字段，先将它们转换为定长字段以改进性能，因为定长记录易于处理。但在转换之前，应该考虑下列问题：

① 使用定长列涉及某种折中，其速度更快，但占用的空间更多。CHAR(n)类型列的每个值总要占用 n 字节（即使空串也是如此），因为在表中存储时，值的长度不够将在右边补空格。

② VARCHAR(n)类型的列所占空间较少，因为只给其分配存储每个值所需要的空间，每个值再加一个字节用于记录其长度。因此，如果在 CHAR 和 VARCHAR 类型之间进行选择，需要对时间与空间做出折中。

③ 有时不能使用定长类型，即使想这样做也不行。例如，对于比 255 字符更长的字符串，没有定长类型。

（3）日期和时间类的数据列类型

MySQL 的日期和时间类是存储如"2021-1-1"或者"12:00:00"的数值的值，也可以利用 DATE-FORMATO 函数显示日期值，默认是按"年-月-日"的顺序显示日期，MySQL 总是把日期里的年份放到最前面，按年月日的顺序显示。

每种类型的日期和时间列都有一个 NULL 值，当插入无效值时，该值将添加到 NULL 值中，还可以使用整数类型来存储时间戳。例如，在创建数据表时使用整数列类型，然后调用 JSP time，该函数获取此列中的当前时间戳。

（4）NULL 值

NULL 值在概念上意味着"没有值"或"未知值"。可以将 NULL 值插入数据表中并从表中检索，也可以测试某个值是否为 NULL。如果对 NULL 值进行算术运算，其结果还为 NULL。在 MySQL 中，0 或 NULL 都代表 false，而其他值代表 true，布尔运算的默认值是 1。

（5）类型转换

与 JSP 类似，MySQL 根据要执行的操作自动将数据值输入表达式。如果数据值类型与上下文中显示的类型不匹配，则自动进行类型转换。

MySQL 会根据表达式上下文的要求，把字符串和数值自动转换为日期和时间值。对于超范围或非法的值，MySQL 也会进行转换。如果出现错误，MySQL 会提示警告信息，用户可捕获该信息以进行相应的处理。

6. 数据字段属性

只设置字段的数据类型是不够的，还需要设置其他附加属性，如自动增量参数、自动填充参数和默认值设置。下面介绍这些特殊要求字段的属性。

（1）UNSIGNED

此属性只能用于设置数值类型，不允许在数据列中使用负数。如果在字段中插入负数，则此属性会使字段的最长存储加倍。例如，一般情况下，TINYINT 数据类型的数值范围介于-128～127，而使用 UNSIGNED 属性修饰后，最小值为 0，最大值可以达到 255。

（2）ZEROFILL

此属性也只能用于设置数值类型，方法是在数值前自动用 0 填充不足位数。例如，将 5 添加到 INT（3）ZEROFILL 字段中，如果稍后查询输出，则输出数据将具有"005"。如果某个字段使用 ZEROFILL 进行修饰，则 UNSIGNED 属性将自动应用于该字段。

（3）AUTPJNCREMENT

此属性用于设置字段的自动增量属性。当数值类型的字段设置为自动增量时，对于添加的每条新记录，字段的值将自动递增 1，并且不允许重复此字段的值。此修饰符只能修饰整数类型的字段，当插入新记录时，增量字段可以是 NULL、0 或留空。在这种情况下，增量字段会自动控制最后一个字段的值加 1 作为此时间的值使用。还可以在插入处理字段时为其指定非零值，在这种情况下，如果表中已存在该值，则会发生错误。否则，指定的数值将用作自动增量字段的值，下次插入时，下一个字段的值将递增 1 到此值。

（4）NULL 和 NOT NULL

默认值为 NULL，这意味着在插入值时无法将值插入此字段中，如果指定了 NOT NULL，则必须在插入值时将值添加到此字段中。

（5）DEFAULT

可以使用此属性指定默认值，或者如果不向此列添加值，则添加默认值。例如，在 user 用户表中，可以将性别字段的默认值设置为"男"。插入数据时，只有在用户为"女"时才需要指定，不另外指定值时默认值为"男"。

7. 数据表的默认字符集

在 MySQL 中，可以为数据库、数据表甚至数据列定义不同的字符集和排序方法。但使用 MySQL 命令解释器或 JSP 脚本的绝大多数 MySQL 客户机，不具备这种同时支持多种字符集的能力，而会将从客户机发往服务器和从服务器返回的字符串自动转换为相应的字符集编码。如果在转换时遇到无法表示的字符，该字符将被替换为一个问号"？"。所以要将在 SQL 命令里输入的字符集和 SELECT 查询结果里的字符集设置为相同的字符集。

（1）字符集

字符集是将自然文字映射到计算机内部二进制的表示方法，是文字和字符的集合，主要字符集包括 ASCII 字符集、ISO-8859 字符集、Unicode 字符集等。

ASCII（American Standard Code for Information Interchange，美国信息交换标准代

码）是最早的字符集方案。ASCII 编码结构为 7 位（00～7F），第 8 位没有被使用，主要包括基本的大小写字母与常用符号。其中，ASCII 码 32～127 表示大小写字母，32 表示空格，32 以下是控制字符（不可见字符）。这种 7 位的 ASCII 字符集已经基本支持计算机字符的显示和保存功能，但不支持一些西欧国家的字符集，如英国和德国的货币符号、法国的重音符号等，因此人们将 ASCII 码扩展到 0～255 的范围，形成了 ISO-8859 字符集。

ISO-8859 字符集是由 ISO（International Oragnization for Standardization，国际标准化组织）在 ASCII 编码基础上制作的编码标准。ISO-8859 包括 128 个 ASCII 字符，并新增了 128 个字符，用于西欧国家的符号。ISO-8859 存在不同的语言分支：Lation-1（西欧语，MySQL 默认字符集）、Latin-2（非 Cyrillic 的中欧和东欧语）、Latin-5（土耳其语）、8859-6（阿拉伯语）、8859-7（希腊语）、8859-8（希伯来语）。

Unicode 字符集也就是 UTF（unicode transformer format，统一码转换格式）编码，是 UCS（universal character set，通用字符集）的实际表示方式，按其基本长度所用位数分为 UTF-8/16/32 三种。UTF 是所有其他字符集标准的超集，可确保与其他字符集的双向兼容性，即将任意文本字符串转换为 UCS 格式，以及随后在不丢失信息的情况下转换原始编码。目前，MySQL 支持 UTF-8 字符集，UTF-8 保持字母、数字为 1 字节，其他的用定长编码最多到 6 字节，支持 31 位编码。UTF-8 的多字节编码没有字节混淆问题。例如，删除 1 字节后出现整行乱码的问题在 UTF-8 中是不会出现的；任何 1 字节的损坏都只影响自身，其他字符都可以完整恢复。

MySQL5 还支持 GB 2312—1980（中国内地和新加坡使用的文字编码）、BIG5（中国香港特别行政区和中国台湾省使用的文字编码）、sjjs（日本使用的编码集）以及 swe7（瑞士使用的编码集）等。

（2）字符集支持原理

MySQL5 对于字符集的指定可以细化到一个数据库、一张表，甚至一个字段，但是用户编写的 Web 程序在创建数据库和数据表时并没有使用这么复杂的配置，绝大多数用的是默认配置。那么，默认配置从何而来呢？在安装或者编译 MySQL 时，会让用户指定一个默认的字符集的步骤——Latinl 编码，也就是说，MySQL 是以 Latinl 编码来存储数据的，以其他编码传输 MySQL 的数据也同样会被转换成 Latinl 编码。此时，character_set_server 将设置为此默认字符集。创建新数据库时，除非显式指定，否则默认情况下，数据库字符集设置为 character_set_server。

选择数据库后，character_set_server 将设置为该数据库的默认字符集。在此数据库中创建表时，该表的默认字符集将设置为 character_set_database，这是该数据库的默认字符集。如果在表中定义了字段，则该列的默认字符集是表的默认字符集，除非显式指定为其他字符集。实际在安装 MySQL 的过程中，通常会选择对多种语言的支持，即安装程序会自动将配置文件中的 Udefault_character_setn 设置为"UTF-8"，这确保了默认情况下所有数据库的所有表的字段都用 UTF-8 存储。

（3）修改字符集

如果在使用 CREATE TABLE 命令创建数据表时未指定显式字符集，则新创建的数据表的字符集由 MySQL 配置文件中的 serider-set-server 选项的参数确定。

在创建数据表时，如果需要指定默认的字符集与之相同，但 MySQL 客户程序在与服务器通信时使用的字符集，与 character-set-server 选项的设置无关，而需要在 MySQL 客户程序或 JSP 设计语言中，使用 default-character-set 选项或通过 SQL 命令 SET NAMESutf8，来指定一个字符集 utf8。还有一个办法是在 MySQL 的控制台程序中使用 SET CHARACTER SET 'uft-8'命令，将客户端使用的字符集和 SELECT 查询结果中的字符集设置为 uft8。

8. 数据表的类型

MySQL 支持多种数据表类型，如 MyISAM、InnoDB、HEAP、BOB、ARCHIVE、CSV 等。创建 MySQL 数据表时，可以为其指定类型。最重要的是 MyISAM 和 InnoDB 表类型，每种表都有自己的属性。如果在创建数据表时未指定数据表的类型，MySQL 服务器将根据配置在 MyISAM 和 InnoDB 类型之间进行选择。默认数据表类型由 MySQL 配置文件中的默认表类型选项指定。使用 CREATE TABLE 命令创建数据表时，可以使用 ENINE 或 TYPE 选项确定数据表的类型。

（1）MyISAM 数据表

MyISAM 数据表类型的特点是成熟度高、稳定性强和可管理性，它使用表锁定机制来优化多个同时读/写操作。代价是必须经常运行 OPTIMIZE TABLE 命令才能恢复浪费的空间。MyISAM 还有一些有用的扩展，如用于修复数据库文件的 MyISAMChk 工具和用于恢复浪费空间的 MyISAMPack 工具。MyISAM 专注于快速读取操作，这也是 MySQL 受 Web 开发人员欢迎的主要原因。在 Web 开发中，大多数数据操作是读取性质的，因此大多数虚拟主机提供商和 ISP 只允许使用 MyISAM 格式，虽然 MyISAM 表单类型是一种相对成熟和稳定的表类型，但 MyISAM 不支持某些特定的功能。

（2）InnoDB 数据表

InnoDB 可以被认为是 MyISAM 的替代品。InnoDB 为 MySQL 提供了一个安全的存储引擎，用于保证在发生中断时具有验证、恢复和弹性功能。InnoDB 还支持 FOREIGN KEY 机制。在 SQL 查询中，可以自由地将 InnoDB 表与其他类型的 MySQL 表混合使用，即使在相同的查询中也是如此。InnoDB 数据表也具有缺点，例如，InnoDB 数据表所需空间比具有相同内容的 MyISAM 数据表所需空间大得多，并且这种类型的表不支持全文索引。

（3）选择 InnoDB 还是 MyISAM 表类型

MyISAM 数据表和 InnoDB 数据表可以同时存在于同一数据库中，即可以为不同类型的服务定义数据库中不同的数据形式。这允许用户根据内容数据和特定用途为每个数据表选择最佳的数据表类型。

9. 数据表的储存位置

数据库目录是 MySQL 数据库服务器存放数据文件的地方，不仅包括表文件，还包括 MySQL 服务器的数据文件和选项文件。对于不同的安装包，数据库目录的默认位置是不同的。它不仅可以在 MySQL 配置文件中指定，还可以在服务器启动时由 datadir=/path/to/dir 显式指定。假设 MySQL 将数据库目录存储在服务器的 C:/Appserv/mysql/data

目录下，MySQL 管理的每个数据库都有自己的数据库目录，即 C:/Appser/mysql/data/bookstor。

　　MySQL 将数据作为记录存储在表中，并且该表作为文件存储在磁盘上的目录中，该目录就是数据库目录。MySQL 对于此目录中的每个表都有不同的文件格式，但它有一个共同点，即每个表至少有一个包含结构定义的.frm 文件。MyISAM 数据表包含一个文件（该文件以.frm 作为后缀进行结构定义），以及以 MYD 为后缀的数据文件、以 MYI 为后缀的索引文件。由于 InnoDB 使用表空间的概念来管理数据表，因此它只使用一个与数据库表对应并具有.frm 后缀的文件，并且同一目录中的其他文件表示为存储数据表的数据和索引的表空间。

　　SQL 数据文件可以直接用于执行某些数据管理功能。例如，数据表具有可移植性，这意味着数据表文件可以直接复制到磁盘，并且可以将文件直接复制到另一个 MySQL 服务器主机的数据库目录中，该主机上的 MySQL 服务器可以直接使用数据表。

二、后台数据管理系统设计

（一）数据库连接设置

　　数据库的连接是关键，这里将数据库的连接写成一个 DbManager 连接类，在 JSP 页面中直接调用该类连接数据库。

（二）分页设计

　　由于数据库中的内容可能会有成千上万条数据，这些数据不可能在一个页面中全部显示出来，因此需要分页显示。

（三）User 类和 Student 类的设计

1. User 类的设计与实现

User 类是管理员类，主要作用是方便在页面中调用 MySQL 进行管理。

2. Student 类的设计与实现

Student 类中的成员变量和数据库的表中的字段一一对应。

第五节　系统主要功能的实现

一、系统实现应遵循的原则

（一）结构化程序编码原则

　　系统的实现遵循结构化编程的思想，以确保每个模块的逻辑清晰，可以采用分支、选择和循环三种基本控制结构。为了提高系统的编码效率，除了使用上述三种基本控制结构外，还可以使用多级选择结构。

（二）良好的程序编写风格

为了提高程序的可读性和可维护性，程序的结构要简单明了，这就要求在编写程序的过程中要保持良好的编程风格，这主要体现在以下几个方面。

1）编写程序时，要使用可读性好的注释条目。

2）变量描述尽可能有意义，尽量不要以 a、b、c 这种变量命名，这会导致可读性差。

3）程序指令要简单、清晰，以增强可读性。

4）对于交互式输入/输出，要有一个简单的命令提示符方法，即错误检查。

5）输入/输出可见性要好。

二、共用信息处理

（一）导航和版权信息

在系统开发中，头部、尾部文件一般要单独编写，如顶部导航栏 top.jsp、尾部版权信息页面 end.jsp 等，用到以上文件时，仅需要在代码中使用 include 代码即可。

（二）错误提示信息

错误提示信息一般以 error.jsp 命名，包含了错误消息显示信息，系统中的错误消息会根据不同的错误类别进行显示。

（三）公用参数处理

公用参数存储在 parmeter.jsp 文件中，任何使用公用参数的文件都可以以外链接的方式调用此文件。

（四）系统权限控制

系统权限控制主要通过包含不同权限的多个文件实现，如 sys_state.jsp、check_state.jsp、add_state.jsp 和 user_state.jsp。其中，sys_state.jsp 用于判断用户是否具有系统管理员权限，check_state.jsp 用于确定用户是否具有审核权限，add_state.jsp 用于确定用户是否具有添加问题的权限，user_state.jsp 用于确定用户是否具有搜索题库内容的权限。

（五）数据库链接

系统使用 Oracle JDBC 驱动程序，并具有使用 JavaBeans 封装通用数据库的功能，这些功能可以屏蔽复杂的数据库操作，避免了安全问题。一次编写，多次使用，可提高系统的可重用性和可移植性。

（六）分页的实现

系统通过使用一个 Java 类 Page 来记录分页信息，构造 Page 类进行分页控制的定义具体如下。

```
package page;
public class Page
{
public int pagecount;
public int recordcount;
public int pagerd;
public int pagesize;
}
package page;public class Page
```

其中，pagecount 用来保存总页数；recordcount 用来保存总的记录数；pagerd 用来记录当前的页码；pagesize 用来保存每页的记录数。建立 Page 类以后，用户就可以对分页信息进行处理了。

三、系统管理模块

（一）用户登录

系统登录流程如图 5-4 所示。具体过程如下：通过功能页检查 checklogin.jsp 实现，登录页 login.jsp 审核用户提交的参数数据，从数据库中检索完成验证并系统登录。登录

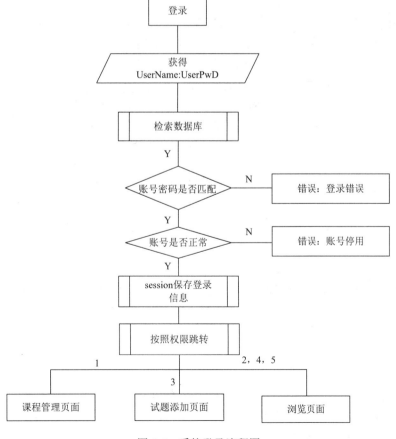

图 5-4 系统登录流程图

完成后，将用户的凭据存储在会话变量中，使用 Flag 存储用户的正常凭据，使用用户 ID 在登录时存储用户的凭据，并使用 UserPower 存储用户授权信息，以便在其他页面包括分配权限和验证用户时，可以直接调用判断。

（二）用户管理

系统用户管理文件结构如图 5-5 所示。

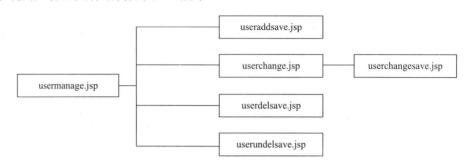

图 5-5　系统用户管理文件结构

四、题目管理模块

题目管理模块是在线题库管理系统的主要部分，主要由四部分组成，即添加 A 型题目、添加 B 型题目、管理 A 型题目和管理 B 型题目。

添加 A 型题目：包括几个常用的题目类型模板，即单选题模板、多项选择题模板、简答题模板、考核题模板、填空题模板等。

管理 A 型题目包括导航、编辑、删除、还原和查看 A 型题目等功能。

A 型、B 型题目管理包括下载题目、查看答案、下载答案、重新加载题目、编辑答案、重新加载答案、删除题目、审阅题目和还原题目。

第六节　系统测试及结果分析

为了保证系统正常运行，系统的测试贯穿于系统开发的整个过程。

一、系统错误处理测试

系统错误处理测试包含输入、输出等多方面的测试。以输入确认测试为例，输入确认用来保证系统拒绝无用信息，主要测试系统是否能阻止无用信息进入系统，测试内容如下：

1）输入文本框内容为空。

2）不登录直接进入系统。

3）越权操作。

4）在需要输入数字的文本框中输入了字符。

5）重复输入提交题库信息。

6）提交内容中含有"'""·"等非法字符。

7）不按照出题流程操作（如未选择出题模板等）。

二、系统安全性分析

本系统测试了所有可能涉及的错误操作，每个可能涉及的错误操作都有相应的错误处理机制。在系统实现过程中，定义了本系统可能出现错误的处理信息及相应的解决办法。

三、系统实用性分析

经过测试，系统完成了基于 Web 的在线题库管理，实现了题库管理的功能，符合题库建设的要求。

系统可以实现题库的添加、修改、删除等功能，不同题目录入包含难度等级选择；实现对题库系统各科目的统计分析；实现对题目使用频率的统计分析；实现对出题人员的工作量的统计分析；实现系统的权限分配，可依据用户的题库管理要求，以及难度等级进行简易划分，进而完成整个题库的题目添加。

通过系统测试，本系统已经达到了设计要求，完成了系统的功能目标和性能需求。基本符合在线题库建设的需求，能够适应一般在线题库的扩展要求。

（一）与基于网络的远程教学平台进行无缝集成

国内基于网络的远程教学正处于迅速崛起的发展阶段，迫切需要一个能够很好地支持教师教学、学生学习的专用远程教学平台。本系统可以为远程教学提供强有力的题库支持，可以与网络课程紧密整合，无缝地集成到远程教学平台中。

（二）加强统计与分析功能，提供更加丰富的题库测量指标分析

本系统只提供了一些基本的统计与分析功能，如题目分科数量统计、题目按知识点数量统计、分科知识点数量统计、分科可用题目数量统计分析等。这些指标还不能满足描述题库的完全信息，还需要进一步引入新的测量指标，并详细阐述它在题库中所代表的含义，如确定区间题目使用频率、各教师所出题目优选使用频度分析等。

参 考 文 献

陈香凝，2019. Java Web 编程技术[M]. 天津：天津大学出版社.

程继洪，肖川，李海斌，2018. Ajax 实用技术[M]. 北京：北京理工大学出版社.

崔敬东，徐雷，2018. Web 标准网页设计原理与前端开发技术[M]. 北京：清华大学出版社.

郭玲，2018. PHP 动态 Web 开发技术[M]. 北京：人民邮电出版社.

姜涛，2018. web 前端开发技术[M]. 长春：吉林教育出版社.

金静梅，2020. Java Web 开发技术任务驱动式教程[M]. 北京：中国水利水电出版社.

林菲，龚晓君，2019. Web 应用程序设计[M]. 西安：西安电子科技大学出版社.

刘雅君，2019. Java Web 设计与应用教程[M]. 西安：陕西科学技术出版社.

罗剑，2020. Web 前端开发技术[M]. 北京：中国铁道出版社.

罗如为，陈镇铖，武佩文，2019. Java Web 开发技术与项目实战[M]. 北京：中国水利水电出版社.

马晓敏，姜远明，曲霖洁，2018. Java 网络编程原理与 JSP Web 开发核心技术[M]. 北京：中国铁道出版社.

蒙杰，2020. Java 技术与 Web 应用项目开发[M]. 兰州：甘肃民族出版社.

孙海峰，2019. Web 安全程序设计与实践[M]. 西安：西安电子科技大学出版社.

谭丽娜，陈天真，郭倩蓉，2019. Web 前端开发技术[M]. 北京：人民邮电出版社.

谭振江，2019. Java Web 开发技术[M]. 北京：人民邮电出版社.

汪诚波，宋光慧，2018. Java Web 开发技术与实践[M]. 北京：清华大学出版社.

王红华，李翔，2018. WEB 开发技术实践教程[M]. 南京：南京大学出版社.

王玲玲，2019. Web 前端开发与制作[M]. 北京：中国传媒大学出版社.

王晓轩，高佳乐，2018. Web 产品设计与开发[M]. 北京：北京理工大学出版社.

文斌，等，2019. Web 服务开发技术[M]. 北京：国防工业出版社.

吴伟敏，2020. 网站设计与 Web 应用开发技术[M]. 北京：清华大学出版社.

吴志祥，雷鸿，李林，2019. Web 前端开发技术[M]. 武汉：华中科技大学出版社.

杨波，王卫华，2018. Web 前端开发[M]. 北京：北京理工大学出版社.

张娅，钱新杰，2020. Web 前端开发技术[M]. 北京：中国轻工业出版社.

张振球，2019. Web 前端技术案例教程[M]. 北京：北京理工大学出版社.

章慧，胡荣林，张东东，2020. Web 前端开发技术[M]. 南京：南京大学出版社.

赵文艳，康健，2018. 移动 Web 前端开发[M]. 北京：北京理工大学出版社.

周忠宝，2019. Java Web 程序设计[M]. 长沙：湖南大学出版社.

（TP-9059.0101）

Web开发技术
与项目实战

www.sciencep.com

科学出版社 技术分社
http://www.abook.cn

ISBN 978-7-03-072941-5

9 787030 729415 >

定 价：22.00元

数控车床编程与加工

周　吉　金超焕　张　敏◎主编

科学出版社